设施菜地重金属
累积特征与防控对策

◎ 李莲芳　等　著

中国农业科学技术出版社

图书在版编目（CIP）数据

设施菜地重金属累积特征与防控对策 / 李莲芳等著 . —北京：中国农业科学技术
出版社，2016.12

ISBN 978 – 7 – 5116 – 2907 – 4

Ⅰ. ①设⋯　Ⅱ. ①李⋯　Ⅲ. ①菜园 – 土壤污染 – 重金属污染 – 污染防治　Ⅳ. ①X53

中国版本图书馆 CIP 数据核字（2016）第 318066 号

责任编辑	徐定娜
责任校对	贾海霞

出 版 者	中国农业科学技术出版社
	北京市中关村南大街 12 号　邮编：100081
电　　话	（010）82106626（编辑室）　　（010）82109702（发行部）
	（010）82109709（读者服务部）
传　　真	（010）82109707
网　　址	http://www.castp.cn
经 销 者	各地新华书店
印 刷 者	北京科信印刷有限公司
开　　本	710mm ×1 000mm　1/16
印　　张	9.5
字　　数	166 千字
版　　次	2016 年 12 月第 1 版　2016 年 12 月第 1 次印刷
定　　价	36.00 元

课题资助说明

本专著出版得到以下课题资助：

- "十二五"国家科技支撑计划课题"重金属超标农田原位钝化/固定与农艺调控技术研究（2015BAD05B01）"

- 国家自然科学基金课题"高风险农田中砷的生物有效性及微生物调控机制（41001187）"

- 国家基础性工作专项"我国大宗农产品加工原料重金属污染调查（2015FY111300）"

- "十二五"水体污染控制与治理科技重大专项"南淝河流域农村有机废弃物及农田养分流失污染控制技术研究与示范课题（2013ZX07103－006）"

《设施菜地重金属累积特征与防控对策》
著 作 人 员

主　著：李莲芳

副主著：朱昌雄

著　者：（按姓氏拼音排序）

黄宏坤　李　峰　李红娜　李莲芳

李晓华　吴翠霞　叶　婧　朱昌雄

前　言

　　如何增加食物的生产来养活日益增加的人口是未来世界面临的最大挑战之一，这其中很大程度上需要依靠集约化农业来增加食物的生产和供应量。自 1860 年美国建立世界上第一个温室栽培试验站至第二次世界大战结束，随着廉价聚乙烯塑料的推广使用，全球设施农业得到快速发展，无论是发达国家还是发展中国家都纷纷加大了设施农业的发展力度，建造了大批各种不同类型的温室用于蔬菜的生产，以提高产量和效益。集约化设施农业的蓬勃发展，给世界农业的发展带来了新的机遇，也给我国传统农业注入了生机与活力。

　　据有关资料统计，目前全世界拥有温室种植的总面积为 397.9 万公顷，其中亚洲、地中海各国、北欧各占全球温室总面积的 84.7%，31.7% 和 2.2%。设施栽培农业也因此成为全球最重要的农业生产方式之一，发达国家中尤以日本、荷兰、美国、以色列等国处于国际领先水平。虽然我国的设施农业的发展起步较晚，但其在丰富百姓的菜篮子、米袋子及加快农民致富等方面发挥了不可低估的作用，也为稳定农业的基础地位、推动国家"三农"建设及满足人们日益增长的生活需求方面，发挥了不可低估的作用。当前，我国的设施蔬菜栽培面积已占世界设施栽培总面积的 50% 以上，无论是种植面积、产量还是产值均居世界首位。至 2010 年我国设施蔬菜总产量超过 1.7 亿 t，占蔬菜总产量的 25%。设施农业已成为我国现代农业的重要组成部分，设施蔬菜与广大民众的生产生活及身体健康密切相关。事实上，我国早在两千多年前就有蔬菜、花卉的温室栽培记载，但是直到 20 世纪末才得到较大的发展，当前我国设施蔬菜面积已占菜地面积高达 30% 以上，设施蔬菜的总产量超过 1.7 亿吨，占蔬菜总产量的 25%，年产值超过 4 000 亿元，据预测，到 2050 年，人均蔬菜消费将增长 50%，需求增长 75%。蔬菜作为老百姓日常生活中各种营养物质的重要来源，其品质安全不仅关系到我们每个人的生命健康，还关系着我国粮食的自给程度，蔬菜产业的发展与国家食品质量和数量双重安全等涉及重大国计民生的需求相关，正如习近平总书记所说"中国人的饭碗要牢牢地掌握在自己手中"，维持设施栽培农业的健康有序发展，对解决我国当前的十三亿人口的吃饭问题提供了有力保障。

值得注意的是，随着设施栽培农业的不断发展，其带来的诸多环境问题也逐渐引起业界人士的广泛关注。我国的设施蔬菜产业普遍存在依靠超高量的农业投入品以维持设施栽培产业稳定增收的现象，由此也带来了农业产地中作物连作障碍、病虫害加剧、土壤盐渍化、土壤酸化、土壤养分累积及淋溶风险等新的环境问题，其中土壤蔬菜系统重金属累积与安全风险增加是其中最为突出的环境问题之一，成为业界关注的焦点和难点。由于重金属一旦进入土壤，就很难去除，重金属污染具有累积的长期性、隐蔽性、潜在危害性和不可逆性，且其能通过食物链放大作用进入人体，重金属污染土壤的修复一直是世界性难题，确保蔬菜的安全无污染理应成为我国食品安全建设的重中之重，设施菜地重金属的累积已成为威胁设施菜地环境安全的重要因素。以往诸多研究涉及传统露地蔬菜种植及菜地的重金属污染及风险等相关方面，尤其是对受工矿活动影响、"三废"直接排放、污水灌溉及垃圾农用等引发的菜地及蔬菜重金属污染问题关注较多，而对于设施土壤植物系统尤其是设施菜地蔬菜系统中重金属的累积、运移规律及相关机制方面的关注尚少。

在当前机遇和挑战并存的新形势下，设施土壤尤其是设施菜地的产地环境质量是否健康安全，已成为影响我国设施农业可持续发展及土地资源可持续利用的重要瓶颈。本书籍以此为契机，在国家科技支撑计划等课题的支持下，重点在对山东寿光、河南商丘和吉林四平等典型区域菜地土壤及蔬菜中的重金属累积过程系统深入研究的基础上，对设施土壤蔬菜系统重金属的累积特征进行了阐述，揭示了设施菜地重金属的来源，并提出了相应的防控对策，为下一步设施菜地重金属累积防控及蔬菜的安全生产提供依据。本研究的相关成果不仅丰富了农业环境学科的理论和方法，对高等院校、科研单位从业人员及开展农业环境保护的基层工作人员，也具有一定的借鉴作用和参考价值。

限于作者水平等诸多因素限制，一定存在很多不足甚至错误之处，尤其在一些观点的表达及有关机理的探讨方面显得肤浅，参考文献的引用上也会存在不少疏漏，敬望广大同行专家及读者提出批评意见。

著　者

2016 年 10 月

目　录

第一章 设施农业概述

设施农业是运用现代工业技术成果和方法为农产品生产提供可以人为控制和调节的环境条件，使光、热、水、土、气、肥等资源得到充分利用，也使植物或动物处于最佳的生长状态，从而更加有效地保证农产品产量，提高农产品质量、生产规模和经济效益，以促进农业现代化发展的一种新型生产方式。设施农业集工程技术、信息技术、生物技术、环境技术为一体，具有农机与农艺融合、农机化与信息化融合，技术装备化、过程科学化、方式集约化、管理现代化的特点，可有效增强农业综合生产能力、抗风险能力和市场竞争力，显著提高土地产出率、资源利用率和劳动生产率。促进设施农业科学健康发展，对发展农业现代化、繁荣农村经济、促进农民增收、保障农产品有效供给都具有十分重要而深远的意义。

设施农业需采用具有特定结构和性能的设施、工程技术和管理技术，改善或创造局部环境，为种植业、养殖业及其产品的储藏保鲜等提供相对可控制的最适宜温度、湿度、光照度等环境条件，以期充分利用土壤、气候和生物潜能，是在一定程度上摆脱对自然环境的依赖来进行有效生产的农业。它是获得速生、高产、优质、高效的农产品现代农业生产方式，是世界各国用以提供新鲜农产品的主要技术措施，与动植物生产相关的设施养殖和设施栽培是设施农业的主体。

一、设施农业的内涵

设施农业是在不适宜生物生长发育的环境条件下，通过维护结构设施，把一定的空间与外界环境隔离开来，形成具有一定程度的封闭性系统，在充分利用自然环境条件的基础上，人为地创造生物生长发育的温度、湿度、光照、水分、养分等环境条件，实现高产、高效和优质生产的现代化农业生产方式。

设施农业从广义上讲可分为设施栽培和设施养殖两种类型，设施栽培主要是指蔬菜、花卉及瓜果类等作物的设施栽培，设施包含各类塑料棚、

1

温室、人工气候室以及相关配套设备；设施养殖主要是指家畜、家禽、水产品和特种动物的设施养殖，设施包含各类保温、遮荫棚舍和现代集约化的饲养畜禽舍及相关配套设施设备。设施农业从狭义上讲主要包括塑料大棚、温室和植物工厂3种不同技术层次的设施类型，我国应用较为广泛的是塑料大棚、日光温室和连栋温室。其中，节能日光温室为我国独创，其节能栽培技术居国际领先地位，能够在不用人工加温或者仅有少量加温的条件下进行黄瓜等喜温性蔬果的生产，当前栽培种类也由蔬菜扩展到花卉、观赏木本植物及草莓、葡萄、桃等园艺植物。

二、设施农业的特征

设施农业是一种新的生产技术体系，属于高投入、高产出，资金、技术密集型的产业，是农业生态系统的一个子系统，因此，它除具有农业生态系统的一般特征之外，与传统农业相比较，还具有下列显著特征。

1. 科技含量高，抗灾能力强

设施农业是先进的生物技术、工程技术、机械技术、现代信息技术、通信技术和管理技术的高度集成，涵盖了建筑、材料、机械、通信、自动控制、环境、栽培、管理与经营等学科领域的系统工程，科技含量高。与此同时，设施农业对农业生产的各个环节都进行人为的干预和控制，使农业生产及农产品的储藏不再受到自然条件的限制，从而增强了抵御灾害的能力。

2. 反季节生产成为可能

设施农业能够根据不同生物种类或者同一生物在不同生育阶段对温度、湿度、光照等环境因子的需求进行人为的控制，使其完全摆脱自然条件的束缚，从而克服了严寒、炎热等不利气候影响，实现周年生产、均衡上市，而且使产量成倍增长、品质大幅度提高。

3. 高投入与高产出

设施农业打破了传统农业地域和季节的自然限制，在一个相对封闭的环境中，通过采暖设备、通风与降温设备、光照设备、CO_2 气体调节设备等各种调控设备的综合运用，能够为动植物生长提供一个最佳的生长条件，以最大限度地提高产量。同时，农业设施中动植物的生长环境相对封闭，能够最大限度地减少外界病菌、害虫的侵扰，从而为生产无公害的绿色食品提供保障。

4. 具有经济、社会、生态三重性

首先，设施农业通过对生产环境条件的有效控制，使农业生产摆脱自然环境的束缚，实现周年性、全天候和反季节的规模化生产，产量得到大幅度提高，同时土地周年利用率也明显提高，从而提高经济效益；其次设施农业为人们的餐桌提供新鲜、健康、安全、丰富的农副产品，满足广大人民群众对各种农产品的市场需求，从而取得社会效益；第三，设施农业可使农业资源得到优化配置和高效利用，并改善农业生态环境，从而取得生态效益。

5. 地域差异性显著

设施农业生态系统具有显著的地域差异性，北方和南方的设施大棚的类型、温室结构、设施栽培的作物品系及栽培技术等方面均存在较大差别。

三、国际设施农业发展历程

1. 设施农业发展概况

设施农业的发展历史久远。在国外，公元前 4 世纪已有著作记述植物被种在保护地上生长；到公元初期的罗马时代，已利用透明的云母片覆盖黄瓜，使之提早成熟；15—16 世纪，英国、荷兰、法国和日本等国家就开始建造简易的温室，栽培时令蔬菜或小水果；17—18 世纪，法国、英国、荷兰等国家已出现玻璃温室；19 世纪初，英国学者开始大量研究温室屋面的坡度对进光量的影响以及温室加温设备问题，英国、荷兰、法国等国家出现了双屋面玻璃温室，这个时期，温室主要栽培黄瓜、甜瓜、葡萄、柑橘、甜橙和凤梨等；19 世纪温室栽培技术从欧洲传入美洲及世界各地，中国、日本、朝鲜等国家开始建造单屋面温室。1860 年美国建立了世界上第一个温室栽培试验站，到 20 世纪初，美国已有 1 000 多个温室用于冬季栽培蔬菜，有 1 100hm² 的温室用于生产鲜花和观赏植物，550hm² 温室生产蔬菜，生产的蔬菜中番茄占 43%，黄瓜占 33%。20 世纪 50—60 年代，美国、加拿

大的温室发展与生产达到高峰。20 世纪 60 年代，美国研制成功无土栽培技术，使温室栽培技术产生一次大变革。到 70 年代初，美国已有 400hm^2 无土栽培温室用于生产黄瓜、番茄等。1980 年，全世界用于蔬菜生产的温室面积达 16.5 万 hm^2，年总产值达 300 亿美元，用于花卉生产的温室 5.5 万 hm^2，年总产值达 160 亿美元，这个时期的亚洲和地中海地区温室数量迅速增加。欧洲南部的温室主要生产蔬菜，而北欧的温室则主要生产附加值高的鲜花和观赏植物。这个时期，中国的塑料大棚面积达到 290 万 hm^2，主要生产蔬菜和鲜花。

随着果树栽培集约化的发展，世界各国的果树生产已开始注重果树的设施栽培。18 世纪就开始了果树的设施栽培，但较大量发展还是近 20 ~ 30 年。果树设施栽培作为露地栽培的特殊形式，主要是利用温室、塑料大棚或其他设施，改变或控制果树的生长发育环境条件，达到果树生产的人工调节。80 年代以来，果树设施栽培发展迅速，其主要原因是：小冠整形与矮化密植栽培技术的推广应用，包括矮化品种的选育，果品淡季市场的高额利润，园艺物资材料的改进；工业高新技术所带来的环境条件控制自动化及生物技术的广泛应用。由于设施栽培果树可以实现高度集约化管理，其产量可比露地栽培高 2 ~ 4 倍，经济效益可提高 3 ~ 4 倍。日本是世界上果树设施栽培面积最大、技术最先进的国家。

目前，世界上设施栽培中使用最多的一种类型是地膜覆盖，这在中国、日本、韩国和地中海地区应用最广泛。温室主要集中在荷兰及欧洲一些国家，中国、日本、美国、意大利等国家广泛应用塑料大棚。设施栽培的园艺作物主要是蔬菜（黄瓜、番茄等），中国、日本和地中海国家主要种植草莓和葡萄。鲜花、盆景及观赏植物也是设施栽培的主要园艺作物，美国 90% 的温室用于生产鲜花和观赏植物。英国、日本、丹麦、中国等国家设施栽培的园艺作物也由单一的蔬菜转向花卉和观赏植物。20 年来，塑料大棚作为一种简便有效的设施栽培手段在世界许多国家蓬勃兴起。世界上玻璃温室主要集中在北欧国家。玻璃温室因其造价高、更新困难而限制了它的发展。近年来，采用高强塑料膜（PVC）取代玻璃，用于温室生产已成为世界设施农业发展的一个趋势。塑料温室以其成本低、更新容易等特点得以迅速发展。日本是当今世界上温室面积较大、又集中发展塑料温室的国家，塑料温室面积占总面积的 96%。除日本外，西班牙、法国、意大利等地中海沿岸国家塑料温室发展速度也很快。这些国家选择在光热资源较为充足的地区，建立起大面积的温室群。塑料温室的覆盖材料大多是农用薄膜，主要品种是聚乙烯（PE）、聚氯乙烯（PVC）和醋酸乙烯（EVA）3种，还有一部分温室选用玻璃纤维树脂板（FRA或FRP）作为覆盖材料。

近年来，受石油危机和国际市场石油价格因素的影响，温室燃料费用大幅度提高。面对这一现实，温室生产大国积极寻求节能对策来降低温室的生产成本。主要是开发温室生产新能源，对温室生产提出了栽培技术、建造结构、环境管理三位一体的发展方针，以尽量减少能源消耗。一些国家在温室生产中十分注重废热利用，主要是利用工业余热和地热资源。在设施农业发展进程中，无土栽培正在改变着设施栽培的传统种植方法，成为当今世界栽培学领域里飞速发展的一项新技术。无土栽培具有节水、节能、省工、省肥、减轻土壤污染、防止连作障碍、减轻土壤传播病虫害等多方面优点，已引起世界各国关注。无土栽培有多种形式，但以简便、实用、投资少、效益高的岩棉培、袋培、浅层营养液培（NET）3种形式应用面积大。据报道，设施栽培面积在1万hm²以上的国家有日本、西班牙、荷兰、韩国、土耳其等；面积在3 000～5 000hm²的国家有加拿大、美国、意大利、英国、葡萄牙、罗马尼亚、捷克、希腊、哥伦比亚；面积在1 500～2 000hm²的国家有以色列、德国、比利时、埃及、智利、保加利亚、突尼斯、利比亚等。近年来，随着农业生物环境工程控制技术的突破，大规模的现代设施农业迅速发展起来，发展成为一种集约化程度很高的现代农业生产技术。随着现代工业向农业的渗透和微电子技术的应用，集约型设施农业在荷兰、美国、日本等发达国家得到迅速发展，开发并形成了一套包含品种选育、环境调控、水肥管理等在内的技术和设备体系，并形成了一个强大的支柱产业。因而，国外的设施农业大体上经历了阳畦、小棚、中棚、塑料大棚、普通温室、现代化温室、植物工厂，即由低水平到高科技含量、自动化控制的发展阶段。现代化的植物工厂能在全封闭、智能化控制条件下，按设计流程实施全天候生产，真正实现了农业生产工业化。

2. 典型发达国家设施农业的特点

荷兰国土面积狭小，属于典型的人多地少国家，但是却能依靠现代农业，成为了仅次于美国、法国的世界第三大农业出口大国。荷兰是世界上应用玻璃温室最先进的国家，全国温室总面积达1.2万hm²，占全世界玻璃温室的1/4，主要用于种植蔬菜和花卉。而且温室技术设施先进，能全面有效地调控温室温度、光照、水分、肥料等环境条件。高效的温室设施使作物生产摆脱了自然气候的束缚，造就了荷兰发达的生态农业，其商品率高达 90% 以上。

以色列位于中东地区，其中沙漠占 2/3，是世界上淡水资源十分匮乏的国家之一，且大部分地区地下水含盐量过高，利用难度大。根据本国的实际情况，以色列走出一条知识、资本与科技密集型的道路，其中节水灌溉技术处于世界领先地位。节水灌溉集成系统中，现代化的滴灌和喷灌系统都配备有测定温度、湿度、二氧化碳浓度等环境因子的电子传感器和测定分析水、肥需求的计算机，人们在办公室就可进行遥控指挥，并且施肥和灌溉可同时进行。这种封闭的输水和配水灌溉系统有效地减少了田间灌溉过程中的渗漏和蒸发损失，使水、肥的利用率达 80% ~ 90%，农业用水减少 30% 以上，节省肥料 30% ~ 50%，同时也节约了传统灌溉的沟渠占地，使农田单位面积产量成倍增长，原本资源匮乏的以色列现已成为沙漠上的蔬菜出口国。

美国是世界上工业最发达的国家之一，同时也是一个农业非常发达的国家。目前现有温室面积约 1.9 万 hm^2，主要种植花卉（面积达 1.3 万 hm^2）。据统计，1991 年温窖农场总产值 87 亿美元，1992 年为 95 亿美元。设施内设备先进，生产水平一流，多数为玻璃温室，少数为双层冲气温室。目前，覆盖材料采用最先进的 PC（聚碳酸酯）板材温室已进入广泛应用阶段，该板材透光与保温性能好，耐用，不易破损，防火性能强，制成 3 层的中空板，保温性能更佳，目前全世界这种温室面积约 1 万 hm^2。近年来建成 $50hm^2$ 多屋顶可以全部启闭的现代温室，该种温室透光性好（无论采用任何覆盖材料，都会降低室内的太阳辐射照度，影响作物生长），屋顶全部可以启闭的温室，可以降低作物产品的硝酸盐含量，这对于生产绿色食品、培育壮苗非常有利；但是建设成本较高，目前正研究如何降低建设成本，以提高其推广应用性。

日本是个岛国，人均耕地资源低于我国。从 20 世纪 60 年代开始，快速发展现代设施园艺业，温室由单栋向连栋大型化、结构金属化发展。直到 1995 年，日本有现代温室 4.88 万 hm^2，以塑料薄膜温室为主，而日本的玻璃温室多为门式框架大屋顶双屋面连栋温室。在设施农业工程的研发过程中特别注重各种调控设施科技含量的提升，使其向全智能化的方向发展。其先进的温室配套设施和综合环境调控技术已处于世界领先水平，近年来在组织培养环境调控和封闭式育苗技术等方面取得了令人瞩目的成就。例如，日本开发了适合双方向的远程监视控制系统 "OpenPLANET（简称 OP)，不分时间和地点，只要计算机与互联网相联，便能在异地实现远程遥控，从而实现更大范围的温室自动化管理；除此之外，设施内产品采摘后，清选、分级、包装、预冷等作业已实现自动化或半自动化。

从设施栽培技术发展来说，国际上也从最初的有土种植向无土栽培、基质栽培等并用的方向发展，一些发达国家纷纷将温室无土栽培技术成功运用于蔬菜和花卉的生产（Hanafi，Papasolomontos，1999），目前无土栽培比例在荷兰超过70%、加拿大超过50%、比利时超过50%。而地中海沿岸和一些发展中国家，则依然采用成本低廉而简易的塑料薄膜覆盖技术，且大多实施有土栽培种植作物（Pardossi et al，2004）。目前全球已有100多个国家采用无土栽培技术，并主要用于蔬菜和花卉生产，其中仅美国拥有无土栽培种植蔬菜的面积就已超过2 000 hm^2，荷兰和日本分别有3 500 hm^2、245 hm^2 的温室从事蔬菜无土栽培（李茜，2002）。但美国由于国内露地可以满足各种作物生产的需要，对设施农业的要求不迫切，其现有温室12 000多hm^2 主要用来生产花卉（李萍萍，2002）。

四、我国设施农业发展现状

我国设施农业发展历史悠久，早在两千多年前就有蔬菜、花卉的温室栽培记载，但是直到20世纪末才得到较大的发展，与发达国家相比，我国在设施农业发展技术方面的差距正不断缩小。20世纪30年代，我国北方地区已经在冬季开始利用不进行人工加温的"日光温室"进行蔬菜生产；到50年代中期，经农业工作者的工作总结，将其命名为"鞍山式日光温室"；到80年代中期，人们对原有的Et光温室的建筑结构、环境调控技术和栽培技术等方面进行了全面优化，得到了节能型Et光温室，在高纬度寒冷季节完全不加温或少加温的条件下顺利实现越冬生产，创造出了一条具有中国特色的设施农业的发展道路，为缓解我国不断增长的人口压力与资源供应不足的矛盾，提供了契机。

"八五"期间，为了进一步提高日光温室的采光和保温性能，农业部将"日光温室性能优化与配套栽培技术研究"列入了"八五"科研攻关课题。日光温室由此获得了迅速的发展，成为适应于中国北方地区气候特点的温室形式。"九五"期间，在北京、上海、浙江、辽宁、广东等5省市和国家科技部领导组织下开展的"工厂化高效农业示范工程"的带动下，全国的设施农业得到了继续高速的发展。随后工厂化农业关键技术研究与示范也被列入国家科技部"十五"国家重点科技攻关项目，2001年"设施园艺可

7

控环境生产技术"被首次列入国家"863"计划,这都反映了我国政府高度重视设施农业的发展。农业工程专家在引进、消化、吸收、创新的基础上,研制了一批具有我国自主知识产权的现代温室设施:设计建成国产化"智能型"连栋塑料温室及控制设备和配套仪器,如营养液的酸碱度、浓度、液温、液位监控专用仪器设备,测量大气的光照、温度、湿度、CO_2 浓度的传感器等;研制出覆盖材料为双层充气多功能薄膜的华北型连栋温室,从而提高了温室的保温性能,达到节省能源的目的,降低温室的运行成本,对温室业的发展起到了推进作用。这些农业设施的一些关键技术有些填补了国内空白,甚至已经达到了国际领先水平,已在全国适宜地区得到推广应用。2005 年底,我国的设施栽培面积已超过 200 万 hm²,占世界设施栽培总面积的 50% 以上,设施蔬菜面积占菜地面积的 10%~30%,年生产设施蔬菜 1 259 万 t,产值超过 1 000 亿元,均居世界首位(焦坤,李德成,2003;安国民等,2004)。至 2010 年我国设施蔬菜总产量超过 1.7 亿 t,占蔬菜总产量的 25%。设施农业的发展,已成为我国现代农业的重要组成部分。

进入 21 世纪后,随着现代信息技术、机械技术、计算机技术、生物技术等相关领域取得的新的突破,我国现代设施农业产业取得了很大的发展。但是与发达国家相比,我国的现代化设施农业水平还有明显差距,主要表现在以下几个方面:①虽然我国设施农业的面积居世界首位,但是以简易类型为主,设施内环境因子可控水平与程度比较低。因此导致了生产效率和生产效益低下,严重打击了生产者的积极性。②我国设施农业的生产经营方式以个体农户为主,劳动生产效率很低,只相当于发达国家的 1/10,甚至只有 1/100。规模化和产业化水平低,小农经济的生产和经营模式与日益发展的市场经济矛盾越来越突出,更难以走出国门与国际市场接轨。③发达国家的现代设施农业工程已形成独立的产业体系,而我国还是分散经营,以小型的乡镇企业为主,工艺水平较低。尤其在环境因子控制设备的研究和制造方面,还是一个非常薄弱的环节,限制了栽培水平的提高。近年来,随着外国温室公司进军我国现代农业领域,他们的产品虽然价格较高,但是质量好。工艺精湛,市场前进广阔,使我国原本就不太发达的相关产业,受到更大的冲击。④设施栽培机械化程度低,劳动强度大。设施农业机械配套水平低,生产过程中的土壤耕作、播种、微量灌溉、施肥、环境监控等绝大部分工作靠人工完成,劳动强度大,效率低下。⑤我国的设施农业发展带来的环境问题也越来越突出,成为威胁我国耕地资源可持续利用及农业持续健康发展的重要瓶颈。

直至当前，设施（蔬菜）农业已成为我国日益重要的农业生产方式，是一些地区农业生产与农民致富的支柱型产业，已成为我国现代农业的重要组成部分。因而，克服上述土壤环境障碍因子，发展设施农业的高新及清洁生产技术，并与国际先进水平接轨，已成为我国设施农业发展的必然选择。

小　结

设施农业是一个新的生产技术体系，属于高投入、高产出及资金、技术密集型的产业，是现代农业的新型发展模式，也是备受国际社会青睐的农业生产方式。面对我国人多地少的国情，为实现土地资源高效利用和我国农业生产转型升级，发展设施农业是现实和未来的必然选择。基于我国设施农业发展水平与世界发达国家相比，尚存在一定差距，随着现代信息技术、机械技术、计算机技术、生物技术等领域的不断发展，我国的现代设施农业生产技术也在不断进步，发展设施农业并在相关核心技术上获得突破，克服发达国家的技术壁垒，提高当前设施农业发展水平，提升国际竞争力，成为今后一段时期内亟待努力的方向和目标，也是我国现代农业发展的重要任务。

第二章 设施栽培产业土壤环境问题

由于设施蔬菜地常处于半封闭状态，具有气温高、湿度大、蒸发量大、无雨水淋洗、无沉降、复种指数高等特点，与露地生态环境条件相比较有明显差异，加上有机肥和化肥（尤其是 N 肥）的大量施用，导致设施土壤理化性状和生物学性状发生了重大变化（Riffaldi *et al*，2003；Liu *et al*，2006）。当前的设施栽培产业存在的土壤环境问题主要表现在如下几个方面：

一、土壤盐渍化问题

大量的研究表明，温室大棚土壤中的 NO_3^-、Cl^-、$SO4^{2-}$、Ca^{2+}、Mg^{2+} 等离子及电导率会较常规耕作模式下有明显增加，阴离子的增加主要以 NO_3^- 为主（吕福堂，司东霞，2004），且随着大棚设施种植年限的延长，土壤盐分的总量，土壤盐基离子如交换性钾等会呈现不断累积的趋势，其中，有研究发现交换性钾含量可超出普通露地含量高达 817 倍（姜勇等，2005），而造成土壤盐类累积的原因主要是硝酸盐，其占土壤阴离子的总量可高达76%，总盐分亦可超出露地高达 13 倍之多（刘德，吴凤芝，1998），而 Cl^-、$SO4^{2-}$、Ca^{2+}、Mg^{2+}、K^+ 大部分为化学肥料的副成分，土壤盐分累积通常被认为与大量化肥的施用直接相关（夏立忠等，2005）。

二、土壤养分累积与淋溶

国内外已进行的相关研究均表明，设施土壤由于耕作强度高，为了维持地力和作物高产（Haynes，2005），不得不依靠大量的肥料投入（Ju，*et al*，2006；Huang *et al*，2006），与传统种植模式下的普通农田土壤相比较，其土壤养分如有机质、全氮、速效 N、速效 P、速效 K、有效 Mg、有效 S、有效 Mn、有效 B、有效 Zn 和有效 Cu 含量等有明显的累积趋势，且随着时间的延长呈增加趋势（Riffaldi *et al*，2003；史春余等，2003；Chen *et al*，

2004），同时易导致蔬菜中硝酸盐的累积超标（孙治强等，2005）。由于温室大棚湿度高，且农田灌溉常采用浸水淹灌的形式，而频繁灌溉易导致土壤盐分下移（王国庆等，2004）尤其是硝酸盐沿着土体剖面向下淋溶，甚至侵入地下水，导致地下水体硝酸盐含量升高（李文庆，笞林生，2002；党菊香等，2004；周建斌等，2004；Ju et al，2006）。

三、土壤酸化明显

已有大量研究表明，由于不合理的施用和耕作，设施菜地土壤已出现了明显的酸化趋势，且设施种植的年限愈长，土壤酸化的程度愈重。Riffaldi et al（2003）研究比较了温室种植与常规耕作两种典型种植模式对土壤特性的影响，发现温室土壤 pH 值要明显低于常规耕作土壤。党菊香等（2004）研究发现温室土壤剖面各层次 pH 值均较对照明显下降，其中耕层土壤下降0.61，60~80cm 的土壤下降了0.27，土壤酸化趋势明显。

四、连作障碍加剧

设施菜地经过长时间的耕作，一些菜地出现明显的连作障碍、病虫害加剧等问题。导致设施菜地不能持续耕种甚至撂荒的现象时有发生。设施菜地持续多年种植可造成土壤结构性能下降，孔性变差（闫立梅，王丽华，2004），同时，导致土壤病虫害增加，尤其是根结线虫泛滥。Liu et al.（2006）发现土壤中线虫的数量随年限呈增加趋势，且与土壤有机碳，总氮，硝酸盐含量及电导率呈显著正相关，而与 pH 值呈负相关。设施菜地各环境因子间总是相互作用，相互影响的。这一系列问题的存在均成为影响设施栽培产业健康发展及土地资源可持续利用的重要瓶颈。

五、重金属累积

以往关于普通菜地的重金属污染累积状况的研究，国内外已有大量的报道（Alexander et al，2006；Chojnacha et al，2005；Khairiah et al，2004）。无论是发达国家还是发展中国家，都广泛存在普通菜地土壤的重金属累积超标现象，且科学家们普遍关注的是因污水灌溉、工矿业污染、大气沉降等导致的土壤重金属污染问题，尤其对城市郊区、污水灌区、交通繁忙区、受工矿活动影响区的菜地土壤进行了大量的研究（Culbard *et al*, 1988；Mapanda *et al*, 2005；George *et al*, 2006；Nabulo *et al*, 2006），而对设施菜地这类相对封闭系统中土壤重金属的累积状况，研究报道较少。

六、研究发展态势

对温室问题的研究，国际上多关注在温室薄膜材料的性能、温室内部的风热等环境条件控制（Boulard *et al*, 1997）、温室加热的效益与平衡（Baille *et al*, 2006；Bartzanas *et al*, 2005）、温室条件下的作物生长与产量效应（Polat *et al*, 2005）、灌溉用水效益以及病虫害防治效果等方面（MacLeod, 2004），对设施土壤重金属方面的研究涉及较少，这可能与国外尤其是发达国家广泛采用无土栽培技术有关，且其栽培植物以花卉居多，而花卉为不进入食物链的植物，因而对温室土壤环境质量安全性方面关注较少。然而，我国和世界其他少数地区仍然以有土栽培为主，近年来，越来越多的研究已开始暴露温室土壤的重金属累积甚至污染问题（李德成，2003）。李见云等（2005）通过对山东寿光的大棚土壤的研究，发现其重金属 Cu、Zn、Pb 含量均随着棚龄的延长而增加，而 Cd 增加的幅度较小。曾被人们一度认为安全的有机肥也因含有一定的重金属施入农田后可导致土壤重金属的富集（刘荣乐等，2005），也因此可能造成更多的重金属通过植物进入食物链，增加人体健康风险。

由于土壤重金属累积与污染往往具有隐蔽性、长期性、潜在危害性和难治理性，一旦土壤遭到重金属污染，往往需要很长时间才能修复，后果十分严重。因而对重金属问题的研究一直是国际社会关注的焦点和难点问题。设施菜地重金属的累积与蔬菜安全生产和人类健康直接相关，与设施菜地其他环境问题相比，显得更为敏感而重要。因而，本书籍重点针对设施菜地重金属累积问题进行系统而深入的研究，揭示其内部累积机制，并探讨相应的防控方法，为规避设施土壤重金属累积的风险提供科学参考。

小　结

随着设施栽培产业的蓬勃发展，作为百姓菜篮子工程建设的重要基地，设施菜地土壤环境质量状况关系到人们的身体健康、生态安全及土壤资源的可持续利用，理应引起高度重视。经过多年的发展，我国设施农业生产技术水平也获得了长足的进步，但由于设施蔬菜生产系统长期处于相对封闭的状态，缺少雨水淋洗，以超高的农业投入来维持一味的高产，设施菜地土壤环境问题日益突出，主要表现为土壤连作障碍、土地酸化、土壤病虫害频发、盐渍化及硝酸盐淋失污染地下水等方面，其中，设施菜地土壤重金属的累积形势严峻，因而，加强设施蔬菜产地质量安全建设、保护产地环境，构建设施菜地重金属累积风险防控的长效机制势在必行。

第三章 山东寿光设施菜地重金属的
累积规律

山东省寿光市位于山东半岛中部，渤海莱州湾南畔，北纬 $36°41' \sim 37°$ $19'$，东经 $118°32' \sim 119°10'$，总面积 $2180km^2$，全市拥有耕地 1.48 万亩 （1 亩 $\approx 666.7m^2$，$1hm^2 = 15$ 亩，全书同），县境为滨海平原，多河流湖泊。寿光属暖温带季风性大陆气候，由于受暖冷气流的交替影响，形成了"春季干旱少雨，夏季炎热多雨，冬季干冷少雪"的气候特点。多年平均气温 12.4℃，年平均日温 0℃ 以上的持续时间为 276d，5℃ 以上的持续时间 241 天，无霜期 195d，降雨量 608.2mm，最小降雨量 299.5mm，最大降雨量为 1 286.7mm（牟子平，2004a；中华人民共和国民政部，中华人民共和国建设部，1993）。寿光具备良好的发展农业生产的自然条件和优势，是山东省的农业大县（市）（牟子平，2004b），也是中国著名的蔬菜之乡。

本文主要针对寿光市 19 个乡镇不同土地利用类型的土壤进行重点调查，根据调查区域农业土地的利用方式，将样品采集分为设施菜地、露天菜地、小麦/玉米/棉花地、对照土壤等 4 种主要类型（共 128 个样本，其中包括 62 个设施菜地样本），具体样点分布见图 3 - 1。考虑到人类活动的影响，在不同区域采集受人类活动干扰相对较小的土壤（林地、荒草地）作为对照样本。同时考虑不同土地利用方式、施肥习惯、种植年限等因素对设施土壤的重金属含量的可能影响，在设施菜地相对集中的区域一定小范围内（土壤环境条件相似）采集一系列设施菜地土壤样本，如在古城街道野虎村、王高镇东头村、营里镇西中疃村等地采取了大量设施菜地样本。土壤样品的采集具体按照"S"形布点并取 $0 \sim 20cm$ 表层土，土样均匀混合后，用四分法处理，最后采集约 1.5kg 土壤带回实验室风干，去掉植物根系、落叶、石块等后，经玛瑙研钵研磨处理，分别过 20、100 目的尼龙筛，贮存备用。土壤样品分析采用美国国家环保局的 $HNO_3 - H_2O_2$ 法（USEPA，1996），各重金属含量采用 ICP - MS（PQ - ExCell，TJA Solutions，USA）进行测定。测定过程中每测定 10 个样品后用重金属标准溶液进行标准曲线的校正，以保证仪器测定误差范围控制在 2% 以内。样品分析所用试剂均为优级纯，分析过程均加入国家标准物质土样（GSS-1，GSS-4）进行全程质量控制，测定结果均在误差允许范围内。正态分布统计检验和数据方差分析均采用SPSS11.0 软件完成，利用 ArcGIS8.0 软件完成样点分布图和重金属差值图的制作。在此基础上，探讨当地土壤中重金属含量的特征和空间分布规律，评价其环境风险，揭示不同农业利用方式、尤其是设施菜地中土壤重金属的累积特征和演变规律，为农产品安全生产提供重要的参考。

图 3-1　调查区域（山东省寿光市）采样点位

一、不同农业利用方式对土壤重金属累积的影响

从全体 128 个土壤调查样本来看，As、Cd、Cr、Cu、Ni、Pb、Zn 的平均含量分别为 9.65、0.38、51.17、28.57、29.44、18.36、103.9mg·kg^{-1}，除 Cr 和 Pb 的平均含量低于山东土壤背景值之外，As、Cd、Cu、Ni、Zn 分别高出背景值 3.76%、352.4%、19.04%、14.11%、63.6%；根据本研究的对照土壤重金属测定结果，各重金属 As、Cd、Cr、Cu、Ni、Pb、Zn 的含量均值超出对照土壤平均含量的百分数分别为 14.9%、111.1%、11.2%、31.3%、5.1%、14.0%、40.9%，表明所有重金属均出现了不同程度的累积。

在山东寿光 4 种不同的农业利用方式下，各重金属的含量呈现不同特征。从表 3-1 对不同农业利用方式下重金属含量的统计结果可以看出，重金属 Cd、Cr、Cu、Zn 的含量均以设施菜地为最高，且均显著高于露天菜地和对照土壤（$P < 0.05$），其平均含量分别为 0.550、53.04、33.91、124.2mg·kg^{-1}，比露天菜地分别高出 58.2%、8.4%、27.3%、32.7%，且设施菜地的其他重金属 As、Ni、Pb 含量均高于露天菜地。在 4 种农业利用方式下，以森林等对照土壤的各重金属含量为最低，而在小麦/棉花/玉米地的普通农田的土壤中重金属 Ni、As、Pb 含量处于较高水平。根据本研究对对照土壤的重金属测定结果，设施菜地土壤 As、Cd、Cr、Cu、Ni、Pb、Zn 的含量均值超出对照土壤平均含量的百分数分别为 14.5%、205.6%、15.2%、55.8%、3.7%、11.9%、68.5%，尽管露天菜地土壤各重金属含量低于设施土壤，但其 As、Cd、Cr、Cu、Ni、Pb、Zn 的含量分别超出对照土壤 9.5%、27.8%、5.6%、13.2%、3.4%、11.9% 和 13.4%，可见菜地土壤重金属的累积现象明显，尤其以设施菜地土壤重金属的累积更为严重。

表 3 – 1　不同农业利用方式下的重金属含量统计分析结果

重金属	土壤①类型	样本	算术		分布类型	几何		最小值	最大值
			均值	标准差		均值	标准差		
Cr	I 类	63	53.04a*	9.370	正态	52.26	1.186	39.03	82.58
	II 类	29	48.60b	8.461	正态	47.95	1.180	37.55	67.82
	III 类	29	50.58ab	11.13	正态	49.48	1.234	35.21	76.16
	IV 类	7	46.03b	9.892	正态	45.07	1.267	30.72	59.80
	总体	128	51.17	9.741	正态	50.30	1.203	30.72	82.58
Ni	I 类	63	29.04a	7.788	对数正态	28.26	1.248	20.29	66.39
	II 类	29	28.96a	9.007	正态	28.95	1.245	12.50	53.76
	III 类	29	31.01a	7.614	正态	30.17	1.266	21.11	48.43
	IV 类	7	28.00a	5.826	正态	27.49	1.244	19.98	45.14
	总体	128	29.44	7.944	对数正态	29.60	1.250	19.98	66.39
Cu	I 类	63	33.91a*	13.26	正态	31.72	1.436	13.83	79.50
	II 类	29	24.64b	11.40	正态	23.34	1.336	15.58	80.39
	III 类	29	22.08b	7.106	正态	21.07	1.362	13.2	41.72
	IV 类	7	21.76b	9.022	正态	20.29	1.526	11.28	35.58
	总体	128	28.57	12.64	对数正态	26.43	1.465	11.28	80.39
As	I 类	63	9.620ab	1.643	正态	9.486	1.185	6.780	15.15
	II 类	29	9.200b	2.034	正态	8.998	1.240	5.610	14.19
	III 类	29	10.37a	2.228	正态	10.14	1.241	6.370	15.15
	IV 类	7	8.400b*	1.207	正态	8.330	1.166	6.500	9.380
	总体	128	9.650	1.912	正态	9.468	1.216	5.610	15.15

（续表）

重金属	土壤类型	样本	算术		分布类型	几何		最小值	最大值
			均值	标准差		均值	标准差		
Cd	Ⅰ类	63	0.550a*	0.512	对数正态	0.430	1.917	0.090	3.560
	Ⅱ类	29	0.230b	0.088	正态	0.223	1.362	0.110	0.560
	Ⅲ类	29	0.200b	0.057	正态	0.197	1.326	0.110	0.340
	Ⅳ类	7	0.180b	0.010	正态	0.180	1.065	0.170	0.190
	总体	128	0.380	0.400	对数正态	0.298	1.862	0.090	3.560
Pb	Ⅰ类	63	18.03a	4.347	对数正态	17.67	1.207	12.24	45.20
	Ⅱ类	29	18.02a	2.667	正态	17.83	1.155	13.91	25.02
	Ⅲ类	29	19.83a	5.337	正态	19.18	1.298	12.61	31.95
	Ⅳ类	7	16.11a	3.162	正态	15.86	1.222	12.45	19.37
	总体	128	18.36	4.296	对数正态	17.97	1.223	12.24	45.20
Zn	Ⅰ类	63	124.2a*	71.39	对数正态	115.6	1.387	60.2	627.9
	Ⅱ类	29	83.63b	10.11	正态	81.58	1.144	67.47	111.4
	Ⅲ类	29	81.48b	18.78	正态	79.59	1.241	57.45	131.1
	Ⅳ类	7	73.72b	10.93	正态	73.05	1.160	60.67	82.64
	总体	128	103.9	56.1	对数正态	80.50	1.257	57.45	627.9

注：①Ⅰ类－设施菜地；Ⅱ类－露天菜地；Ⅲ类－普通农田（小麦/玉米/棉花地）；Ⅳ类－对照土壤。*表示 $P < 0.05$ 差异显著性水平。同一列相同字母代表差异不显著，下同。

二、设施菜地重金属的含量特征

从山东寿光设施菜地样本的频数分布图可以看出（图3-2），70%的样本 As 在 $10.3mg \cdot kg^{-1}$ 以内，Cd 在 $0.580mg \cdot kg^{-1}$ 以内，Cr 含量在 $56.7mg \cdot kg^{-1}$ 以内，Cu 在 $37.7mg \cdot kg^{-1}$ 以内，Ni 在 $29.2mg \cdot kg^{-1}$ 以内，Pb 在 $18.4mg \cdot kg^{-1}$ 以内，Zn 在 $129mg \cdot kg^{-1}$ 以内．从设施菜地总体62个样本的平均含量看（表3-2），山东寿光设施菜地土壤重金属含量以 Zn 最高，其值为 $124.2mg \cdot kg^{-1}$，其次是 Cr 含量 $53.04mg \cdot kg^{-1}$，再次为 Cu 含量 $33.91mg \cdot kg^{-1}$，Ni 的含量仅次于 Cu，而高毒元素 As、Cd、Pb 平均含量分别为 9.62、0.55、$18.03mg \cdot kg^{-1}$。与山东省土壤背景值比较，除 Pb 外，其他各重金属的平均含量均超出山东省土壤背景值，呈现不同程度的累积趋势，其中 Cd 的累积超标最为严重，Zn 其次，Cu 再次，As 的累积程度仅次于 Cu，而 Cr 和 Pb 的累积程度较低，其累积超标率均在5%以下，各重金属的累积程度排序为 Cd > Zn > Cu > As > Ni > Cr > Pb。与国家土壤环境质量Ⅱ级标准（6.5 < pH 值 < 7.5）相比，则27.4%的样本出现了 Cd 超标现象，

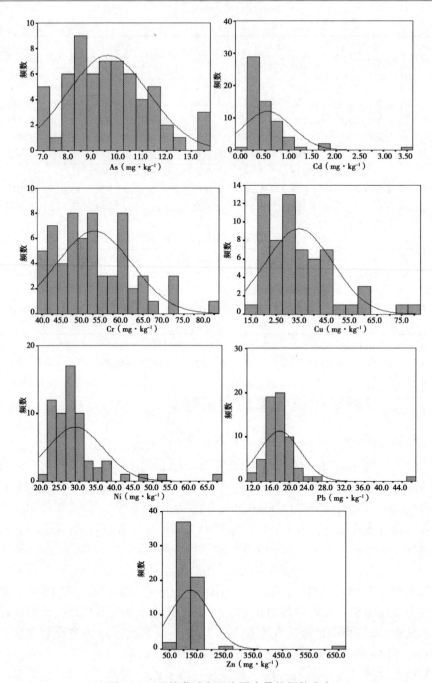

图 3-2 设施菜地各重金属含量的频数分布

此外，还存在少量样本的 Ni 和 Zn 超标现象。与世界正常土壤质量标准范围比较（Kabata – Pendias，Pendias，1992），则 37.1% 的样本出现了 Zn 超标，6.5% 的样本出现了 Cd 超标，3.2% 的样本出现了 Cu 超标，1.6% 的样本出现了 As 超标的现象，除 Zn 超标程度较重之外，其他重金属的含量超标问题并不十分突出。

表 3 – 2 设施菜地土壤重金属含量统计

项 目		As	Cd	Cr	Cu	Ni	Pb	Zn
	样本数	62	62	62	62	62	62	62
	平均值（mg·kg^{-1}）	9.620	0.550	53.04	33.91	29.04	18.03	124.2
山东土壤背景值	含量（mg·kg^{-1}）	9.3	0.084	66.0	24.0	25.8	25.8	63.5
	超标数（个）	35	62	6	45	21	2	61
	超标率（%）	56.5	100	9.7	72.6	33.9	3.2	98.4
土壤环境质量 II 级标准（6.5 < pH < 7.5）	含量（mg·kg^{-1}）	20	0.60	250	100	60	350	300
	超标数（个）	0	17	0	0	1	0	1
	超标率（%）	0	27.4	0	0	1.6	0	1.6
世界正常土壤质量标准	含量（mg·kg^{-1}）	1 ~ 15	0.07 ~ 1.10	5 ~ 120	6 ~ 60	1 ~ 200	10 ~ 70	17 ~ 125
	超标数（个）	1	4	0	2	0	0	23
	超标率（%）	1.6	6.5	0	3.2	0	0	37.1

三、设施菜地土壤重金属随时间的演变趋势

随着设施种植年限的增加，设施菜地土壤中各重金属含量会发生一定的变化（如图 3 – 3 所示）。对山东寿光不同年限的设施菜地重金属含量的统计结果表明：各重金属随着种植年限的延长，其含量呈现不同程度的增加趋势。从不同的重金属来看，经过 10 年以上时间的种植，各重金属含量均有一定程度的增加，但 Cr、Ni 增加幅度较小，其含量仅比 1 ~ 3 年的设施菜地分别增加了 9.59%、13.8%，而同等条件下，As、Cd、Cu、Pb、Zn 的含量增加幅度为 15.4%、125%、46.3%、25.2%、25.5%，其中以 Cd 的增加幅度最大，Cu 其次，再次是 Zn 和 Pb。以种植年限为 13 年的设施菜地进行估计，高毒元素 As、Cd、Pb、Cr 的年累积速率分别约为 0.105、0.033、0.324、0.370mg·kg^{-1}·a^{-1}，而 Cu、Ni、Zn 的年累积速率则为 0.923、0.281、2.01mg·kg^{-1}·a^{-1}。若以本研究得出的 As、Cd、Cr、Cu、Ni、Pb、Zn 的对照土壤的含量 8.40、0.38、46.0、21.7、28.0、16.1、73.7mg·kg^{-1}为基础并结合土壤环境质量 II 级标准（pH 值 > 7.5）进行计

算，则 Cd 因累积而超标所需的时间只需 6.72 年。由此可见，若保持设施菜地现有的耕作模式不变，高毒重金属 Cd 累积所造成的后果最为严重，只需种植不到 7 年的时间就会使设施菜地土壤 Cd 出现超标现象，其他重金属在短时间内不会出现因累积导致含量超标现象。

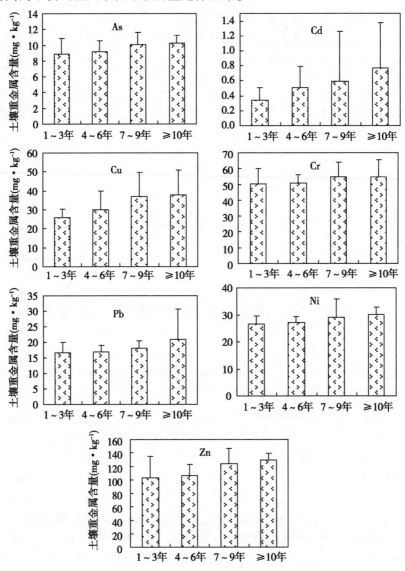

图 3－3　设施菜地土壤重金属随着设施年限的变化

四、多元统计分析

多元统计分析已成为环境统计的重要的技术手段，尤其是相关分析和主成分分析技术的应用能很好地揭示诸多环境因子间的相互联系（Skordas, Kelepertsis. 2005），其已被广泛应用于沉积物、土壤与水等研究领域（Liu et al, 2003；Li et al, 2004）。本研究亦利用多元统计分析技术探讨各重金属元素间的本质关系（表3－3）。相关分析的结果表明 Fe 与除 Cu、Cd 以外的重金属元素间呈显著相关，且与 As、Cr、Ni、Pb 多数重金属含量间达 P < 0.01 显著性相关水平，As 与除 Cd、Ni 之外的所有金属元素间显著相关，Cd 仅与 Zn 显著正相关（$P < 0.01$），Cu 与 As、Zn、Ca 间亦显著相关，Ni 与 Fe、Cr、Mn、K、Mg 含量间相关性极显著（$P < 0.01$），Pb 与除 Ca、Cd、Cu、Ni 以外的其他金属显著相关，而 Zn 与除 Ni、Ca、Mg 之外的所有金属元素间相关性显著。

根据主成分分析的初始特征值的结果（表3－3），前 3 个因子共占总方差的 73%，所有金属均可被这 3 个因子很好地替代，提取的因子特征值在旋转变换前有两个因子的特征值小于 2，但在旋转后全都大于 2，因子矩阵的转换可以更明确的说明因子所起的作用，如表3－5所示. 因子的初始矩阵中，Fe、As、Cr、Cu、Ni、Pb、Mn、Mg 和 K 在因子（F1）中表现为较高的值，而 Cd 和 Zn 在因子 2（F2）中的值较高，Ca 和 Cu 在因子 3（F3）中表现为较高的值。经旋转变换后，F1 包含 Fe、Cr、Ni、Pb、Mn、K 和部分 Mg，F2 包含 As、Cu、Ca 和部分 Mg，F3 包含 Cd 和 Zn. 由于 Fe 属于大量元素，其含量一般受人类活动的影响较小，因而 F1 可能主要受自然源的影响，而 F2 和 F3 则可能受不同人类活动源的影响。

表3－3　寿光设施菜地土壤重金属含量的相关系数

	Fe	As	Cd	Cr	Cu	Ni	Pb	Zn	Mn	Ca	K	Mg
Fe	1											
As	0.494**	1										
Cd	0.046	0.197	1									
Cr	0.767**	0.418**	0.097	1								
Cu	0.098	0.576**	0.188	0.208	1							
Ni	0.818**	0.248	-0.088	0.775**	0.190	1						
Pb	0.466**	0.346**	0.137	0.407**	-0.005	0.213	1					

（续表）

	Fe	As	Cd	Cr	Cu	Ni	Pb	Zn	Mn	Ca	K	Mg
Zn	0.319 *	0.316 *	0.576 **	0.373 **	0.268 *	0.139	0.301 *	1				
Mn	0.878 **	0.394 **	0.056	0.665 **	0.155	0.740 **	0.459 **	0.341 **	1			
Ca	0.108	0.334 **	0.003	0.138	0.318 *	0.186	−0.101	−0.056	0.065	1		
K	0.724 **	0.639 **	0.234	0.573 **	0.160	0.339 **	0.529 **	0.497 **	0.681 **	0.190	1	
Mg	0.731 **	0.587 **	0.029	0.585 **	0.201	0.606 **	0.258 *	0.110	0.559 **	0.662 **	0.638 **	1

注：** 表示 $P < 0.01$ 显著性水平；* 表示 $P < 0.05$ 显著性水平。全书表同。

表3-4　山东寿光设施菜地土壤重金属含量主成分分析解释总体方差

主成分	初始特征值			提取后特征值			旋转变换后特征值		
	特征值	解释方差	累积方差	特征值	解释方差	累积方差	特征值	解释方差	累积方差
1	5.348	44.570	44.570	5.348	44.570	44.570	4.547	37.894	37.894
2	1.754	14.616	59.186	1.754	14.616	59.186	2.145	17.878	55.772
3	1.646	13.719	72.905	1.646	13.719	72.905	2.056	17.133	72.905
4	0.912	7.598	80.503						
5	0.797	6.638	87.142						
6	0.468	3.898	91.040						
7	0.376	3.129	94.169						
8	0.327	2.727	96.896						
9	0.183	1.525	98.421						
10	0.110	.917	99.338						
11	0.052	.435	99.773						
12	0.027	.227	100.000						

表3-5　设施菜地土壤重金属含量主成分分析的主成分矩阵

金属	主成分			旋转主成分		
	1	2	3	1	2	3
Fe	0.916	−0.211	−0.234	0.957	0.118	0.094
As	0.687	0.251	0.414	0.384	0.639	0.390
Cd	0.199	0.781	0.028	−0.079	0.101	0.797
Cr	0.827	−0.122	−0.163	0.826	0.152	0.144
Cu	0.341	0.309	0.605	−0.006	0.689	0.322
Ni	0.744	−0.437	−0.125	0.838	0.156	−0.184
Pb	0.535	0.202	−0.399	0.548	−0.174	0.394

（续表）

金属	主成分			旋转主成分		
	1	2	3	1	2	3
Zn	0.473	0.705	-0.153	0.250	0.033	0.825
Mn	0.845	-0.142	-0.281	0.889	0.049	0.144
Mg	0.799	-0.296	0.350	0.677	0.618	-0.089
K	0.826	0.203	-0.067	0.690	0.242	0.440
Ca	0.311	-0.217	0.788	0.068	0.847	-0.208

从本研究不同农业利用方式下的土壤重金属含量差异可以发现：人为活动干扰对重金属含量构成了一定程度的影响，一般来说，农田土壤中重金属的来源除受成土母质的影响外，主要受工矿企业活动、农药、化肥施用等人为因素有关（Culbard *et al*, 1988；Mapanda *et al*, 2005；George *et al*, 2006；Mortvedt & Beaton. 1995）。在人为活动干扰相对较小的对照土壤重金属含量较低，而在设施菜地这类人为活动干扰强烈、农业投入高及产出大的系统中（Riffaldi *et al*, 2003），其土壤中重金属 Cu、Cd、Zn、Cr 的含量相对于其他农业土地利用类型而言，其含量均为最高，平均含量分别为 0.550、53.04、33.91、124.2mg·kg^{-1}。比露天菜地分别高出 58.2%、8.4%、27.3%、32.7%。而 As、Ni、Pb 含量均以普通农田即小麦/玉米/棉花地的含量较高，根据背景值测定结果，相应的普遍农田所在寿光北部区域的土壤背景重金属含量均较高，明显高于设施菜地分布集中的南部区域，因而，山东寿光普通农田土壤重金属的 As、Ni、Pb 高含量主要受土壤背景值影响。设施菜地重金属 As、Ni、Pb 含量均明显高于露天菜地。

尽管寿光不同农业利用方式下受土壤背景值和地理条件的影响，但设施菜地的重金属呈现明显的累积趋势，且随着设施年限的增加而不断累积，设施菜地这种重金属大量累积的事实可能与农田系统的高量农业物资投入有关. 尤其是目前我国的养殖业高度发达，而饲料添加剂中往往添加过量的 Cu、Zn、As、Cr 等微量元素（陈继兰等，1994；刘定发等，1999；冯春霞，2006），导致畜禽粪便排泄物中相应重金属的浓度较高，畜禽粪便的大量施用入农田会带来重金属的不断累积。在各种不同类型农业土壤的重金属含量大大超出山东寿光的土壤背景值，表明山东寿光的农业土壤因受人为活动排放源的影响，导致当地出现了大面积的重金属累积现象，除了受农业生产资料的投入影响外，山东寿光的土壤重金属的累积可能还与化石燃料燃烧等造成的大气沉降等因素有关。有研究表明，长期大量使用化石燃料会导致砷等重金属排放量的增加（Steinnes，Allen，1997），可使土壤环境中重金属含量的升高，具体有关设施菜地重金属的来源问题有待进一步探讨。

小　结

通过对山东寿光设施菜地土壤重金属含量状况的研究，发现以下特点和趋势。

（1）不同农业利用方式下的土壤重金属含量进行比较，发现 Cd、Cr、Cu、Zn 的含量均以设施菜地为最高，且均显著高于露天菜地和对照土壤（$P < 0.05$），所有样本的重金属含量均以林地等对照土壤最低，设施菜地的 As、Ni、Pb 含量亦高于露天菜地. 设施菜地各重金属的累积趋势明显，随着年限的增加，其重金属含量呈现不断增加的趋势，且以剧毒元素 Cd 的累积形势更为严峻，其累积速率约为 $0.033 \text{mg} \cdot \text{kg}^{-1} \cdot \text{a}^{-1}$。

（2）设施菜地各重金属元素的平均含量以 Zn 最高，Cr 其次，Cu 再次，高毒元素 Cd 和 As 的含量较低. 其中 Zn、Cr、Cu、Ni、Pb 的含量分别为 $124.2 \text{mg} \cdot \text{kg}^{-1}$、$53.04 \text{mg} \cdot \text{kg}^{-1}$、$33.91 \text{mg} \cdot \text{kg}^{-1}$、$25.8 \text{mg} \cdot \text{kg}^{-1}$、$18.03 \text{mg} \cdot \text{kg}^{-1}$，而 As 和 Cd 的平均含量分别为 $9.62 \text{mg} \cdot \text{kg}^{-1}$、$0.55 \text{mg} \cdot \text{kg}^{-1}$，与山东土壤背景值相比，除 Pb 以外的重金属含量均超出了土壤背景值，各重金属累积按照超标样本数量的百分率排序为：Cd > Zn > Cu > As > Ni > Cr > Pb. 而与世界土壤正常标准比较，则 Zn 的超标最严重，其次为 Cd，由此计算超标样本数量占设施菜地总样本的超标百分率，则 Zn 为 37.1%、Cd 为 6.5%、Cu 为 3.2%、As 为 1.6%，而 Cr、Ni、Pb 则没有发现超标现象。

（3）根据多元统计分析的结果，山东寿光设施菜地的金属元素可以归结为主要受 3 大因子的影响。第 1 个主成分包括 Fe、Cr、Ni、Pb、Mn、K 和部分 Mg，第 2 主成分包括 As、Cu、Ca 和部分 Mg，第三主成分包括 Cd 和 Zn，且 Cr、Ni、Pb 主要受自然源的影响，而 As、Cu、Cd 和 Zn 则可能主要受人为源的控制。

第四章　河南商丘设施菜地重金属的累积特征

　　商丘市位于河南省东部，豫、鲁、苏、皖四省结合处．其地理位置优越，北接齐鲁，南据江淮，西扼中原，东近沿海，是重要的物资集散地和区域性商贸中心（贾利元，2006），是亚欧大陆桥经济带与京九经济带的交汇处，是河南实施"东引西进"的桥头堡。辖夏邑、虞城、柘城、宁陵、睢县、民权、梁园区、睢阳区、永城市六县二区一市，面积 10 704km²，耕地面积 1 087万亩，人均耕地 1.5 亩，年降雨量 766mm，平均气温 13.8℃，无霜期 165d，土层深厚、土壤质地为淤土、砂土和两合土各占 1/3。

　　商丘地处黄淮海平原，自然条件得天独厚，气候温和，物产丰富，不仅是全国的粮食主产区，农、林、牧、副、渔各业兴旺发达，是国家著名的农副产品生产基地．自国家实施"菜篮子"工程建设以来，其蔬菜产业得到了迅速发展，尤其是设施蔬菜的生产迅速。截至 2005 年底，商丘市的蔬菜生产面积 268.7 万亩，产量达 606.5 万吨，产值 57.6 亿元，其中设施蔬菜面积 34.4 万亩，占蔬菜播种总面积的 12.8%，全市拥有的温室大棚的总数量达 38.2 万座，其中大、中、小棚 27.7 万座，面积 26.9 万亩，日光温室 10.5 万座，面积 7.5 万亩，其中商丘市的 7 个县（市、区）被国家农业部列入蔬菜生产大县名单，占河南省蔬菜生产大县总数的 14.9%，居河南省第三位，其蔬菜外销出口 226.4 万 t，成为农民重要的经济收入来源。

　　根据河南商丘农业土地的利用方式，将样品采集分为设施菜地、露天菜地、绿化地、麦地、果园、森林土等5 种主要类型（共 182 个样本，其中包括 82 个设施菜地样本），具体样点分布见图 4－1。考虑到人类活动的影响，在不同区域主要采集受人类活动干扰相对较小的土壤（森林土）作为对照样本。同时考虑不同土地利用方式、施肥习惯、种植年限等因素对设施土壤的重金属含量的可能影响，在设施菜地相对集中的区域一定小范围内（土壤环境条件相似）采集一系列设施菜地土壤样本，主要在梁园区袁庄乡田庄村及古宋乡古宋村、宁陵县程楼镇前张村、永城县陈集镇朱楼组朱小庄村及苗村苗庄、柘城区梁庄乡杜菜园等地采取了大量设施菜地样本．

土壤样品的采集具体按照"S"型布点并取 0～20cm 表层土，土样均匀混合后，用四分法处理，最后采集约 1.5kg 土壤带回实验室风干，去掉植物根系、落叶、石块等后，经玛瑙研钵研磨处理，分别过 20、100 目的尼龙筛，贮存备用，然后将相应的土壤样品进行室内分析与检测。

图 4 - 1   河南商丘土壤取样点的分布

一、不同农业利用方式下土壤重金属的含量特征

农业利用方式对土壤重金属的含量会产生重要影响，商丘市不同农业利用方式下的土壤重金属含量状况如表 4 - 1 所示。可以看出，除 Cd 的含量在各种农业利用方式下不存在显著性差异外，土壤中其他重金属含量均受到不同农业利用方式的重要影响。设施菜地土壤的 As、Cu、Zn 含量均高于其他类型的土壤，且其 As、Cr、Cu、Zn 的含量显著高于森林对照土壤，分别高出对照土壤的 16.0%、15.2%、46.6%、28.0%，且森林土壤中多数重金属含量均为最低，而森林土 Cd、Cu、Ni、Zn 含量均明显低于其他土地利用类型；绿化地相比于其他 5 种农业土壤而言，其 Pb 含量处于最高水平，显著高于设施菜地，与此同时，绿化地的多数重金属含量均处于较高水平，与拥有最高含量的土地利用类型间无显著差异，而露天菜地重金属含量与绿化地间亦无显著差异。Cd 的含量以果园土壤最高，其次为露天菜地和设施菜地，但各种农业利用方式下的土壤 Cd 含量间无显著差异，从 Cd 平均含量高低进行不同类型土壤排序为：果园 > 露天菜地 > 设施菜地 > 绿化地 > 麦地 > 森林土。由此可见，不同的农业利用方式下，重金属 As、Cu、

Zn 以设施菜地的含量最高，Pb 在绿化地、Cd 在果园、Cr 和 Ni 在麦地的含量最高，而森林土壤中重金属的含量普遍较低。

表 4 – 1　不同农业利用方式下土壤中各重金属的含量　　　（mg·kg^{-1}）

重金属	土壤类型	样本数	算术均值	算术标准差	分布类型	几何均值	几何标准差	最小值	最大值	95%置信区间下限	95%置信区间上限
As	Ⅰ类	82	11.08a	1.99	对数正态	10.91	1.18	7.36	19.42	10.64	11.52
	Ⅱ类	14	10.45ab	1.76	正态	10.30	1.19	7.55	12.99	9.431	11.46
	Ⅲ类	7	10.86ab	1.97	正态	10.79	1.13	9.79	14.43	9.494	13.14
	Ⅳ类	65	10.60ab	2.68	正态	10.40	1.22	7.72	20.24	10.38	11.71
	Ⅴ类	6	9.46ab	1.36	正态	9.38	1.15	8.17	11.94	8.030	10.89
	Ⅵ类	8	9.55b	2.83	正态	9.39	1.41	4.51	12.94	7.182	11.92
	总体	182	10.74	2.29	正态	10.55	1.21	4.51	20.24	10.57	11.24
Cd	Ⅰ类	82	0.298a	0.211	对数正态	0.26	1.68	0.110	1.280	0.251	0.344
	Ⅱ类	14	0.318a	0.165	正态	0.28	1.73	0.130	0.600	0.223	0.413
	Ⅲ类	7	0.290a	0.151	正态	0.26	1.67	0.120	0.570	0.150	0.43
	Ⅳ类	65	0.250a	0.176	对数正态	0.22	1.61	0.110	1.090	0.205	0.296
	Ⅴ类	6	0.350a	0.110	正态	0.34	1.39	0.220	0.470	0.235	0.466
	Ⅵ类	8	0.240a	0.077	正态	0.22	1.53	0.110	0.360	0.176	0.304
	总体	182	0.282	0.187	对数正态	0.24	1.65	0.110	1.280	0.254	0.31
Cr	Ⅰ类	82	51.06a	13.85	对数正态	49.92	1.22	37.2	149.93	48.01	54.1
	Ⅱ类	14	48.04ab	5.27	正态	47.78	1.11	40.39	57.90	45.00	51.09
	Ⅲ类	7	49.55ab	5.18	正态	49.33	1.11	45.17	58.87	44.76	54.34
	Ⅳ类	65	56.25a	9.47	正态	53.55	1.13	41.55	87.64	53.90	58.59
	Ⅴ类	6	44.28b	4.66	正态	44.08	1.11	37.30	51.26	39.39	49.17
	Ⅵ类	8	44.31b	9.13	正态	40.64	1.31	29.77	53.01	36.67	51.94
	总体	182	52.10	11.71	对数正态	50.17	1.20	29.77	149.93	50.39	53.81
Cu	Ⅰ类	82	25.03a	7.71	对数正态	24.11	1.31	14.82	54.48	48.01	54.1
	Ⅱ类	14	21.22b	3.95	正态	20.88	1.21	15.11	29.23	45	51.09
	Ⅲ类	7	22.25ab	4.36	正态	21.93	1.20	18.58	31.11	44.76	54.34
	Ⅳ类	65	21.23b	4.56	正态	20.28	1.21	14.53	34.29	53.9	58.59
	Ⅴ类	6	21.35ab	8.77	正态	20.08	1.45	12.97	37.42	39.39	49.17
	Ⅵ类	8	17.08b	3.79	正态	17.04	1.31	8.87	21.26	36.67	51.94
	总体	182	22.80	6.58	对数正态	21.87	1.29	8.87	54.48	50.39	53.81

（续表）

重金属	土壤类型	样本数	算术		分布类型	几何		最小值	最大值	95%置信区间	
			均值	标准差		均值	标准差			下限	上限
Ni	Ⅰ类	82	26.68b	3.92	对数正态	26.42	1.14	21.74	44.8	25.82	27.55
	Ⅱ类	14	26.37ab	3.26	正态	26.18	1.13	21.59	32.03	24.49	28.25
	Ⅲ类	7	27.49ab	2.82	正态	27.38	1.10	24.75	32.52	24.89	30.1
	Ⅳ类	65	28.61a	4.73	正态	27.62	1.15	21.59	37.34	26.84	28.97
	Ⅴ类	6	24.61b	3.39	正态	24.41	1.15	19.41	29.68	21.05	28.16
	Ⅵ类	8	23.89b	5.88	正态	23.62	1.31	13.76	29.34	18.98	28.8
	总体	182	27.19	4.37	对数正态	26.62	1.16	13.76	27.19	26.31	27.51
Pb	Ⅰ类	82	14.53b	3.01	正态	14.22	1.22	9.23	24.42	13.87	15.19
	Ⅱ类	14	17.21a	3.84	正态	16.83	1.24	12.17	24.87	14.99	19.43
	Ⅲ类	7	18.38a	3.66	正态	18.05	1.24	12.62	22.49	15.00	21.76
	Ⅳ类	65	17.05a	4.69	对数正态	16.22	1.25	11.07	38.58	15.89	18.21
	Ⅴ类	6	15.92ab	2.58	正态	15.74	1.18	12.08	18.94	13.21	18.63
	Ⅵ类	8	15.52ab	2.69	正态	15.43	1.19	11.15	19.07	13.27	17.77
	总体	182	15.87	3.94	对数正态	15.33	1.24	9.23	38.58	15.3	16.45
Zn	Ⅰ类	82	73.53a	14.60	正态	72.26	1.22	45.28	118.63	70.32	76.74
	Ⅱ类	14	65.11bc	11.43	正态	64.18	1.19	48.91	84.75	58.51	71.71
	Ⅲ类	7	72.05ab	10.66	正态	71.38	1.16	59.5	88.85	62.19	81.91
	Ⅳ类	65	71.66ab	11.07	正态	69.54	1.15	53.11	102.2	68.92	74.4
	Ⅴ类	6	57.67c	8.85	正态	57.11	1.17	46.00	69.58	48.38	66.96
	Ⅵ类	8	57.44c	13.19	正态	56.90	1.27	37.51	76.03	46.41	68.47
	总体	182	70.93	13.44	正态	69.22	1.21	37.51	118.63	68.96	72.89

注：Ⅰ类–设施菜地；Ⅱ类–露天菜地；Ⅲ类–绿化地；Ⅳ–麦地；Ⅴ–果园；Ⅵ–森林土。

二、设施菜地土壤重金属含量

通过对河南商丘共约82个设施菜地土壤样本的分析测定并进行统计分析的结果表明，商丘设施菜地土壤重金属的平均含量以 Zn 最高，其含量为 70.93mg·kg^{-1}，Cr 其次，平均含量为 52.10mg·kg^{-1}，而毒性较高的元素 Cd、As、Pb 的含量较低，其平均含量分别为 0.298、11.08、14.53mg·kg^{-1}，各重金属含量从高至低的顺序为：Zn > Cr > Ni > Cu > Pb > As > Cd。

从设施菜地土壤重金属的频数分布图（图4–2）可以看出，70%的样本 As 在 11.57mg·kg^{-1} 以内，Cd 在 0.29mg·kg^{-1} 以内，Cr 在 50.76mg·kg^{-1} 以内，Cu 在 25.27mg·kg^{-1} 以内，Ni 在 27.60mg·kg^{-1} 以内，Pb 在 15.15mg·kg^{-1} 以内，Zn 在 78.2mg·kg^{-1} 以内。从设施菜地各重金属平均含量的统计结果看（表4–2），除 As、Ni 含量与土壤背景值的水平接近以及

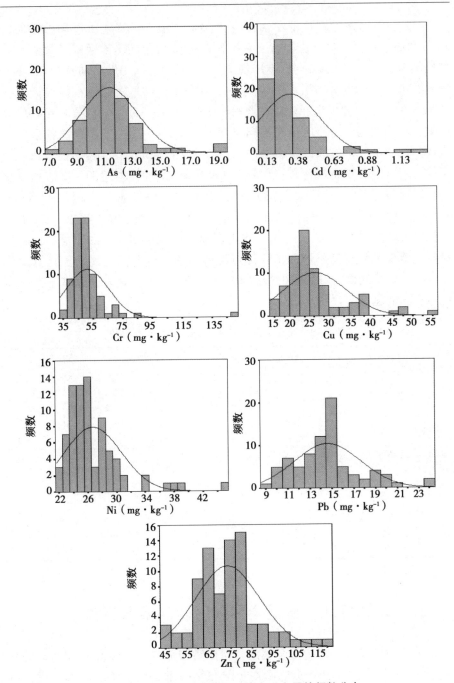

图 4 − 2　商丘市设施菜地土壤中重金属的频数分布

Cr 与 Pb 的平均含量明显低于河南省土壤背景值外，其他重金属 Cd、Cu、Zn 均超出土壤背景值。在设施土壤样本中，Cd 含量超出土壤背景含量的样本比例为 100%，85.4% 的样本出现了 Zn 和 Cu 超标，35.4% 的样本出现了 Ni 超标，32.9% 的样本出现了 As 超标，而以 Cr 和 Pb 的超标程度最低，不足 10% 的样本出现了超标现象，说明河南商丘 Cd、Cu、Zn 的累积相对较为严重，局部区域设施菜地存在不同程度的 Ni、As、Cr、Pb 累积。各重金属按样本数超出背景值的百分率排序为：Cd > Zn = Cu > Ni > As > Cr > Pb. 与土壤环境质量 II 级标准比较，仅发现 Cd 有 6.3% 的样本超标，其他重金属均未发现超标现象。与世界土壤正常范围值相比（Kabata – Pendias & Pendias，1992），则仅有 4.9% 的样本 As 超标，2.4% 的样本 Cd 超标，1.2% 的超标 Cr 超标，其余重金属的含量均正常值在允许范围内。由此可见，商丘设施菜地土壤普遍存在重金属的富集累积问题，与世界土壤的正常范围值比较，发现除局部区域存在少量的 As、Cd、Cr 样本超标外，基本不存在其他重金属的超标问题。

表 4 – 2　商丘市设施菜地土壤重金属含量状况

项　目		As	Cd	Cr	Cu	Ni	Pb	Zn
样本数		82	82	82	82	82	82	82
平均值（mg·kg⁻¹）		11.08	0.298	51.06	25.03	26.68	14.53	73.53
河南土壤背景值	含量（mg·kg⁻¹）	11.4	0.074	63.8	19.7	26.7	19.6	60.1
	超标数（个）	27	82	7	70	29	6	70
	超标率（%）	32.9	100.0	8.5	85.4	35.4	7.3	85.4
土壤质量 II 级标准（6.5 < pH <7.5）	含量（mg·kg⁻¹）	20	0.60	250	100	60	350	300
	超标数（个）	0	5	0	0	0	0	0
	超标率（%）	0	6.1	0	0	0	0	0
世界正常土壤质量标准	含量（mg·kg⁻¹）	1～15	0.07～1.10	5～120	6～60	1～200	10～70	17～125
	超标数（个）	4	2	1	0	0	0	0
	超标率（%）	4.9	2.4	1.2	0	0	0	0

三、设施菜地土壤重金属随时间的累积趋势

商丘设施菜地土壤中重金属的含量随着设施年限的变化呈现明显的累积趋势。根据本研究野外实地调查年限和室内重金属含量测试的结果进行统计分析，得出设施菜地不同种类的重金属随着设施年限的变化规律，如

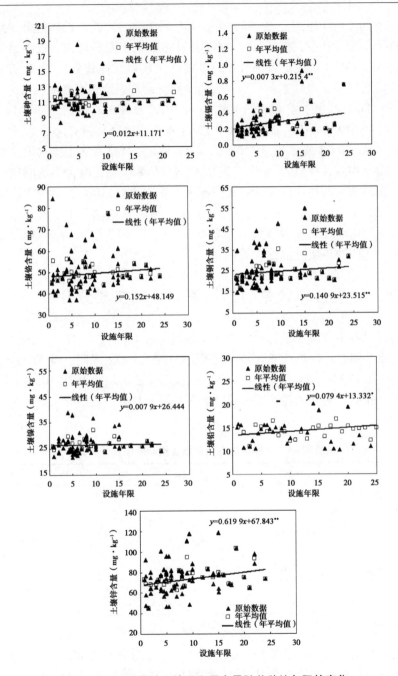

图 4-3　设施菜地土壤重金属含量随着种植年限的变化

图 4-3 所示。可以看出，除 Ni 之外，其他重金属含量均与设施年限间呈显著正相关关系（$P < 0.05$ 以上），即随着设施种植年限的增加，设施菜地中重金属 As、Cd、Cr、Cu、Pb、Zn 的含量均呈显著增加趋势，而 Ni 随着设施年限的增加，其含量亦有一定程度的增加。设施菜地土壤重金属 As、Cd、Cr、Cu、Pb、Zn 的年累积速率为 0.012、0.007 3、0.152、0.140 9、0.079 4、0.619 9 mg·kg^{-1}·a^{-1}，其中 Zn 的累积速率最高，其次是 Cr 和 Cu，高毒元素 As 和 Cd 的累积速率较低。若以本研究所得对照土壤的重金属含量为基础，推测各重金属因累积而达到土壤环境质量 II 级标准的时间，则发现若保持现有的耕作模式不变的情况下，重金属 Cd 因累积造成超标的时间约需 49.3 年，而其他重金属在相当长的一段时期内基本不会有污染的发生，说明河南商丘的土壤环境质量状况尚好，对蔬菜生产的产地环境的威胁不大，相应的环境风险也较低。

四、各重金属含量间的相关关系与主成分分析

通过对各重金属含量的相关性统计分析（表 4-3），发现 As 与除 Cd 外的所有重金属含量间均有显著相关关系，Cd 与 Cu、Zn 之间，Cr 与 Ni、Pb、Zn 之间，Cu 与 Ni、Pb、Zn 之间，Ni 与 Pb、Zn 之间均达 $P < 0.01$ 极显著相关水平，相关性明显的各种重金属可能在来源上具有一定的相似性（Wong，Mak，1997）。

表 4-3　设施菜地各重金属含量间的相关分析

	As	Cd	Cr	Cu	Ni	Pb	Zn
As	1						
Cd	-0.036	1					
Cr	0.457**	0.054	1				
Cu	0.340**	0.451**	0.186	1			
Ni	0.850**	-0.147	0.400**	0.369**	1		
Pb	0.639**	-0.133	0.472**	0.388**	0.726**	1	
Zn	0.340**	0.312**	0.372**	0.720**	0.419**	0.587**	1

注：** $P < 0.01$ 显著性水平。

根据初始特征值的结果表 4-4，前 2 个因子共占总方差的 72%. 因而，所有重金属都可以被这 2 个因子很好的替代。提取的因子特征值在经旋转变换后第二个因子的特征值明显增加，可以较好地体现因子矩阵变换对因子

所起的作用，这在表4-5中更为明显．在因子的初始矩阵中，As、Cr、Cu、Ni、Pb、Zn 在主成分 P1 中表现为较高的值，而 Cd 在主成分 P2 中表现为较高的值，经旋转变换后，主成分 F1 包含 As、Cr、Ni、Pb，而主成分 F2 中却包含了 Cd、Cu 和 Zn，使旋转后的主成分变得更加清晰。由此可见，As、Cr、Ni 和 Pb 可能有着共同的来源，而 Cd、Cu 和 Zn 的来源可能具有较大的相似性。

表4-4　河南商丘设施菜地土壤重金属含量主成分分析解释方差

主成分	初始特征值			提取后特征值			旋转变换后特征值		
	特征值	解释方差	累积方差	特征值	解释方差	累积方差	特征值	解释方差	累积方差
1	3.478	49.683	49.683	3.478	49.683	49.683	3.134	44.767	44.767
2	1.584	22.622	72.305	1.584	22.622	72.305	1.928	27.537	72.305
3	.738	10.537	82.842						
4	.602	8.600	91.442						
5	.288	4.118	95.561						
6	.187	2.671	98.231						
7	.124	1.769	100.000						

表4-5　设施菜地土壤重金属含量主成分分析的主成分矩阵

重金属	主成分		旋转主成分	
	1	2	1	2
As	0.812	-0.316	0.870	0.061
Cd	0.120	0.853	-0.255	0.823
Cr	0.613	-0.126	0.608	0.147
Cu	0.656	0.602	0.337	0.824
Ni	0.844	-0.354	0.914	0.039
Pb	0.848	-0.235	0.867	0.149
Zn	0.753	0.444	0.492	0.722

土壤中重金属含量受多种因素的影响，一般来说，主要受自然源的成土母质和人类活动源的影响，而土壤地球化学因素决定了成土母质特性和土壤元素背景值。受人类活动干扰相对较少的自然土壤中的重金属主要来源于成土母质，而在广大城市区域土壤及具有长期耕作历史的农业土壤受人类活动的干扰频繁，由于大量外部污染源的输入导致其土壤中重金属含量往往高于土壤背景值（Thornton I. . 1981；He et al, 2005）。

从商丘地区不同农业利用方式下的土壤重金属含量来看，农业利用方式对重金属含量构成了重要影响。设施菜地是人类活动最为剧烈，其肥料等的农业物资投入大大高于普通的农田土壤（Ju *et al*，2006，Haynes，2005；Wei and Liu，2005），人为活动干扰较强，可能是导致设施菜地 As、Cu、Zn 含量明显高于其他农业土地利用类型的重要原因。而森林土壤由于人类干扰较少，且位于远离城市的偏远地区，其大多数重金属含量均处于最低水平。而商丘设施菜地的高产出亦以肥料等农业物资的高投入为基础（贾利元，2006），尤其是有机肥的投入量较大。在国际农业生产中，有机肥作为作物补充氮源亦被广泛施用于农田以提高土壤的化学、物理以及生物学特性（Berti and Jacobs，1996；Harada *et al* 1993）。然而，在腐熟堆肥和商业有机肥中常常含有大量的重金属，使其正日渐成为土壤重金属的最重要的来源（Nenesi，Loffredo，1997）。根据（Zhao *et al*，2006）的研究，经过长达 6 年的持续施用猪粪，已导致 0～20cm 耕层土壤中 Cu 和 Zn 的大量累积，而 Cr 和 Ni 则未发现类型的规律（Zhao *et al*，2006），这与本研究结果中设施菜地 Cu 和 Zn 的累积程度高于其他类型土壤，而 Cr 和 Ni 在设施菜地中的含量却仍低于麦地土壤的情况有相似之处。而 Pb 的含量则在绿化地的含量较高，由于绿化地往往邻近马路，前人的研究已表明土壤 Pb 含量的升高与交通导致汽车尾气排放密切相关（Zupančič，1999）。而 Cd 的含量以果园和菜地土壤中较高，这与郑袁明等（2005）对北京市土壤的调查结果中果园和菜地土壤中 Cd 含量相对较高的现象相似。从设施菜地各重金属含量随年限的变化趋势看，均有随着设施年限的延长呈不断累积的趋势。因而，设施菜地的重金属累积问题应成为今后一段时期内食品安全和农业产地环境安全建设的重要内容。

小　结

通过对河南商丘设施菜地土壤的系统调研分析，发现其设施菜地重金属含量及趋势主要表现为以下特点和规律。

（1）商丘不同农业利用方式下的土壤重金属含量进行比较，发现重金属 As、Cu、Zn 以设施菜地的含量最高，Pb 在绿化地、Cd 在果园、Cr 和 Ni 在麦地的含量最高，而森林土壤中重金属的含量普遍较低，且设施菜地的 As、Cr、Cu、Zn 含量显著高于森林对照土壤（$P < 0.05$）。

（2）设施菜地土壤重金属的平均含量以 Zn 最高，其含量为 70.93mg·kg^{-1}，

Cr 其次，平均含量为 52.10mg·kg^{-1}，而毒性较高的元素 Cd、As、Pb 的含量较低，其平均含量分别为 0.298、11.08、14.53mg·kg^{-1}；从设施菜地土壤重金属的平均含量看，其 As、Ni 含量与土壤背景值的接近，Cr 与 Pb 的含量却明显低于土壤背景值，Cd、Cu、Zn 均超出土壤背景值；从超出背景值的样本超标率来看，以 Cd 的问题最为突出，其次为 Cu、再次是 Zn、然后是 Ni 和 As，Cr 和 Pb只有不到10%的样本超标；与世界土壤的正常范围值比较，发现除局部区域存在少量的 As、Cd、Cr 样本超标外，基本不存在其他重金属的污染问题。

（3）设施菜地土壤中重金属的含量随着设施年限的变化呈现明显的累积趋势，除 Ni 之外，其他重金属含量均与设施年限间呈显著正相关关系（$P < 0.05$ 以上），随着设施种植年限的增加，设施菜地中重金属 As、Cd、Cr、Cu、Pb、Zn 的含量均呈显著增加趋势，从各重金属的累积速率来看，Zn 的累积速率最高，其次是 Cr 和 Cu，高毒元素 As 和 Cd 的累积速率较低，但按此累积速率会导致 Cd 相对于其他元素而言，需经历种植年限相对较短的时间就能使该地区大面积的菜地土壤超出土壤环境质量 II 级标准。

（4）对设施菜地重金属进行主成分分析的结果表明，所有重金属主要受3大主成分因子的影响，因子 F1 中包含 As、Cr、Ni、Pb，而主成分 F2中却包含了 Cd、Cu 和 Zn，As、Cr、Ni 和 Pb 可能有着共同的来源，而 Cd、Cu 和 Zn 的来源可能具有较大的相似性。

第五章　吉林四平设施菜地重金属的累积规律

　　四平市位于吉林省中南部，地理位置处于东经123°18′20″至125°46′30″，北纬42°49′30″至44°9′20″之间。东邻辽源市，南接辽宁省铁岭地区，西界内蒙古自治区，北缘白城地区和长春市。总面积14 080km²。地处松辽平原腹部。海拔高度120m至440m，伊通县板矿青顶子山海拔611米，为最高峰。地势由东南向西北缓降。境内有大小河流35条，其中较大的有东辽河、西辽河、新开河、昭苏太河及伊通河。属温带半湿润大陆性气候，四季分明。四平现辖公主岭市、双辽市、梨树县、伊通满族自治县、铁东区、铁西区和辽河农垦管理区，总面积14 080km²，总人口330万人。其中市区面积741km²，人口近60万人（四平市土肥站，1989）。

　　四平市属于温带大陆性季风气候，春季干旱多风，冬季寒冷漫长，夏季温热降水集中。四平市平均气温为5.6℃，一年中，7月温度最高，平均为23.3℃，1月份温度最低，平均为 –15.4℃，温差平均可达38.7℃。全市年降水量在 456.4～644.8mm，平均为 572.2mm，全市的无霜期平均为144d。降水量由东南向西北呈递减的趋势，春季降水少，平均41.1mm，占全年降水量的7.2%，夏季雨量集中，平均为425.8mm，占全年降水量的74.4%，秋季雨量较少，平均为87.3mm，占全年降水量的15.3%；冬季最少，平均为18.1mm，占全年降水量的3.1%。由于夏季降水集中，雨热同季，对一季作物生长发育有利. 据气象资料，四平市光照资源比较丰富，全年日照总数平均为2 741.1h，在5—9月间，日照时数平均为1 246.6h，占全年日照时数的45.5%，6—8月份的日照时数为727.1h，基本可满足作物这一阶段生长发育的需要，9—10月的日照为470.6h，对作物干物质的积累与成熟有利（四平市土肥站，1989；中华人民工共和国民政部，中华人民共和国建设部，1993）。

　　为了迅速发展蔬菜产业，克服季节性气候因素等的影响，四平市大力发展设施蔬菜栽培产业，成为我国开展设施蔬菜种植历史较早的地区之一，其设施蔬菜种植业发展已具相当规模，设施蔬菜的种植历史高达30年之久，保护地蔬菜生产已经成为农民增收致富的重要途径，成为农村经济的一项重要产业。截止 2001 年末，保护地蔬菜生产总面积已达到 4.2 万亩，比 1996 年的 2.1 万亩翻了 1 番，年均增长 14.9%；年产量 27 万多吨，比 1996 年的 15 万吨增长 80%，年均增长 12.5%；年产值 6.2 亿元，比 1996 年的 2.8 亿元增长 1.2 倍，年均增长 17.2%。

　　根据调查区域农业土地的利用方式，分为设施菜地、露天菜地、玉米地、森林土等 4 种主要土壤类型进行采集，本研究共采集 148 个样本，其中包括 83 个设施菜地样本，具体样点分布见图 5 - 1。考虑到人类活动的影响，在不同区域主要采集受人类活动干扰相对较小的土壤（森林土）作为对照样本。同时考虑不同土地利用方式、施肥习惯、种植年限等因素对设施土壤的重金属含量的可能影响，在设施菜地相对集中的区域一定小范围内（土壤本底条件相似）采集一系列设施菜地土壤样本，主要在公主岭范家屯镇、公主岭市郊、郭家店镇镇郊村、梨树县杏山镇大烟囱大队以及泉沟村等地采取了大量设施菜地样本。土壤样品的采集具体按照"S"型布点并取 0～20cm 表层土，土样均匀混合后，用四分法处理，最后采集约 1.5kg 土壤带回实验室风干，去掉植物根系、落叶、石块等后，经玛瑙研钵研磨处理，分别过 20、100 目的尼龙筛，贮存备用。样品的分析与数据处理方法同第 3 章。

图 5 -1　吉林四平土壤取样点的位置

一、不同农业利用方式下土壤重金属含量特征

根据不同农用利用方式下土壤重金属含量的统计结果，如表 5 – 1 所示。在不同农业利用方式下，吉林四平的设施菜地土壤所有重金属 As、Cd、Cr、Cu、Ni、Pb、Zn 含量均显著高于露天菜地、林地和玉米地土壤，且设施菜地与其他类型土壤的含量差异均达 $P < 0.05$ 显著性水平；而在所有农业土地利用类型中，以林地土壤的重金属含量最低，露天菜地的含量却高于玉米地土壤。其中，设施菜地土壤各重金属 As、Cd、Cr、Cu、Ni、Pb、Zn 的含量分别为露天菜地的 1.22、3.44、1.19、1.56、1.06、1.16 和 1.24 倍，与林地土壤进行比较，其含量分别为林地的 2.0、8.83、1.89、2.77、1.36、1.29 和 2.03 倍。总体来说，菜地土壤无论是露天菜地还是设施菜地均具有较高的重金属含量，这可能主要与菜地大量的农业物质投入导致的重金属的累积有关，而林地由于受人类活动的干扰相对较少，其土壤中重金属含量除 Cd 与土壤背景值接近外，其他重金属含量均低于背景含量。

表 5 – 1　不同农业利用方式下土壤中重金属含量比较　　（mg·kg^{-1}）

重金属	土壤类型	样本数个	均值	标准差	95% 置信区间		最小值	最大值
					下限	上限		
	林地	10	5.225c*	2.591	3.372	7.078	2.460	10.80
	露天菜地	18	8.573b	1.983	7.587	9.559	4.080	12.16
As	设施菜地	83	10.43a	2.449	9.896	10.97	4.400	16.42
	玉米地	36	6.573c	2.181	5.836	7.311	3.250	12.23
	全体	147	8.905	2.998	8.416	9.393	2.460	16.42
	林地	10	0.101b*	0.071	0.050	0.151	0.0000	0.23
	露天菜地	18	0.259b	0.258	0.131	0.387	0.0100	0.83
Cd	设施菜地	83	0.892a	1.105	0.650	1.133	0.0500	5.96
	玉米地	36	0.112b	0.068	0.089	0.135	0.0400	0.36
	全体	147	0.569	0.913	0.421	0.718	0	5.960
	林地	10	28.55c*	11.24	20.51	36.60	14.74	41.91
	露天菜地	18	45.31b	10.15	40.26	50.36	20.49	59.60
Cr	设施菜地	83	54.04a	12.10	51.40	56.68	24.83	106.2
	玉米地	36	36.50c	12.74	32.19	40.81	16.57	62.34
	全体	147	46.94	14.83	44.52	49.36	14.74	106.2

（续表）

重金属	土壤类型	样本数个	均值	标准差	95% 置信区间		最小值	最大值
					下限	上限		
	林地	10	12.02c *	5.595	8.021	16.03	5.560	20.75
	露天菜地	18	21.36bc	7.560	17.61	25.12	8.890	42.38
Cu	设施菜地	83	33.35a	14.99	30.07	36.62	9.420	85.57
	玉米地	36	15.32b	4.928	13.65	16.98	6.690	25.18
	全体	147	26.01	14.68	23.62	28.41	5.560	85.57
	林地	10	16.62c *	7.168	11.49	21.74	7.450	25.66
	露天菜地	18	21.31ab	5.535	18.56	24.07	8.390	29.77
Ni	设施菜地	83	22.58a	4.717	21.55	23.61	10.19	33.80
	玉米地	36	19.12b	5.805	17.15	21.08	8.770	28.68
	全体	147	21.17	5.559	20.26	22.08	7.450	33.80
	林地	10	12.64b *	5.373	8.148	17.13	6.000	19.75
	露天菜地	18	14.06b	3.780	12.18	15.94	5.460	18.59
Pb	设施菜地	83	16.25a	3.463	15.50	17.01	6.490	24.15
	玉米地	36	13.57b	3.517	12.38	14.76	6.990	19.56
	全体	147	15.25	3.986	14.60	15.90	5.460	26.22
	林地	10	43.40c *	19.83	29.21	57.58	18.03	75.35
	露天菜地	18	70.87b	23.93	58.97	82.77	32.09	124.8
Zn	设施菜地	83	88.15a	24.11	82.89	93.42	33.10	142.9
	玉米地	36	53.43bc	18.12	47.30	59.57	21.76	106.5
	全体	147	74.49	27.92	69.94	79.04	18.03	142.9

二、设施菜地土壤中重金属含量

根据对吉林四平所有设施菜地土壤 83 个样本的统计结果（表 5 -
2），各重金属含量均值以 Zn 最高，Cr 其次，Cu 再次，而高毒元素 As、
Cd 的含量较低。本研究区域设施菜地土壤的重金属平均含量依次为：
Zn（88.2 mg·kg^{-1}）＞Cr（54.0 mg·kg^{-1}）＞Cu（33.4 mg·kg^{-1}）＞Ni
（22.6 mg·kg^{-1}）＞As（10.4 mg·kg^{-1}）＞Cd（0.892 mg·kg^{-1}）。与吉林
土壤重金属背景含量相比，除 Pb 略低于背景值之外，其他重金属均超出吉林
省土壤背景值，Cd 超过背景值的样本比例在95%以上，其次是 As 在83%以
上，Cr 在78%以上，Ni 在68%以上，Zn 在60%以上，Cu 的超标样本比例最

低，其有约 39.8% 的样本超标。各重金属元素 As、Cd、Cr、Cu、Ni 和 Zn 含量均值分别为吉林省土壤背景值的 1.30、8.01、1.16、1.95、1.06、1.10 倍，这表明吉林四平设施菜地土壤出现了明显的重金属的累积，且以 Cd 的累积最为严重，其他重金属 As、Cr、Cu、Ni 和 Zn 亦有不同程度的累积。尽管研究区域设施菜地土壤重金属的累积现象普遍，与土壤环境质量 II 级标准进行比较，发现 Cd 的超标现象较为严重，约 38.6% 的设施菜地样本出现了 Cd 超标现象，却未发现其他重金属的超标污染。与世界正常土壤含量范围比较（Kabata – Pendias，Pendias，1992），则有 24.1% 的样本出现了 Cd 超标现象，分别有 7.2% 的样本出现了 Cu 和 Zn 超标，2.4% 的样本出现了 As 超标，可见吉林四平设施菜地重金属 Cd 的累积超标现象较为突出。

表 5 – 2 四平设施菜地土壤重金属含量特征

项 目		As	Cd	Cr	Cu	Ni	Pb	Zn
样 本 数		83	83	83	83	83	83	83
平均值（mg·kg^{-1}）		10.4	0.892	54.0	33.4	22.6	16.3	88.2
吉林土壤背景值	含量（mg·kg^{-1}）	8.0	0.099	46.7	17.1	21.4	28.8	80.4
	超标数（个）	69	79	65	33	57	0	50
	超标率（%）	83.1	95.2	78.3	39.8	68.7	0.0	60.2
土壤质量 II 级标准 6.5 <pH 值 <7.5	含量（mg·kg^{-1}）	20	0.60	250	100	60	350	300
	超标数（个）	0	32	0	0	0	0	0
	超标率（%）	0	38.6	0	0	0	0	0
世界正常土壤质量标准	含量（mg·kg^{-1}）	1~15	0.07~1.1	5~120	6~60	1~200	10~70	17~125
	超标数（个）	2	20	0	6	0	0	6
	超标率（%）	2.4	24.1	0	7.2	0	0	7.2

从各重金属的频数分布图可以看出（图 5 – 2），70% 的设施菜地土壤样本 As 在 11.8mg·kg^{-1} 以内，Cd 在 0.814mg·kg^{-1} 以内，Cr 在 59.5mg·kg^{-1} 以内，Cu 在 37.9mg·kg^{-1} 以内，Ni 在 24.5mg·kg^{-1} 以内，Pb 在 18.1mg·kg^{-1} 以内，Zn 在 99.6mg·kg^{-1} 以内，高毒元素 As、Cd、Pb 的含量相对较低。

三、设施菜地土壤重金属随时间的演变趋势

结合野外调查的结果，将种植年限与各重金属含量间的关系进行趋势模拟分析，得出不同种类的重金属随着设施年限的变化规律（图 5 – 3）。结果表明，吉林四平设施菜地中各重金属普遍存在随着设施年限的增加而不

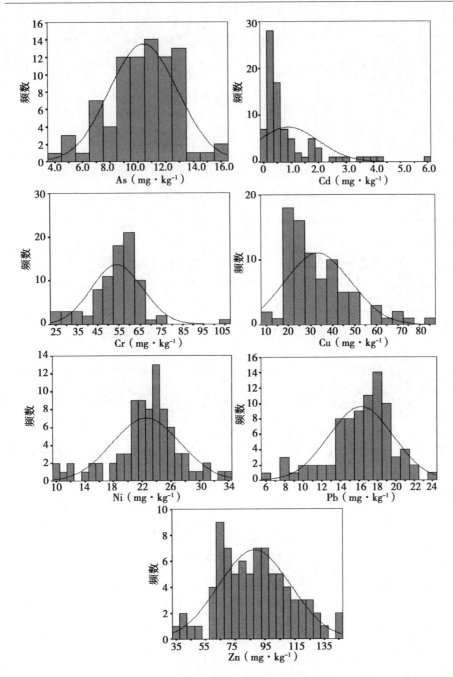

图 5.2 设施菜地土壤重金属的频数分布

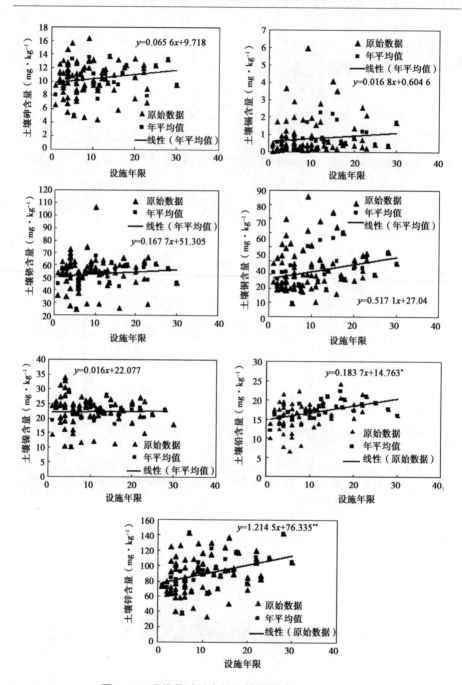

图5-3 设施菜地重金属含量随着设施年限的变化

断累积的现象，所有重金属中以 Zn 的累积速率最为快，年累积速率为
1. 215mg·kg^{-1}，其次是 Cu，再次是 Pb，而毒性高的重金属 As 和 Cd 随着时
间的累积速率相对较小，其年累积速率分别为 0. 065 6、0. 016 8mg·kg^{-1}，
若以本次调查的森林土作为对照土壤即代表当地的土壤背景值作为设施菜
地建棚之初的重金属含量，在保持现有的耕作制度和施肥模式不变的情况
下，则在设施种植年限达 30 年左右，设施菜地土壤会出现明显的 Cd 污染问
题. 其他重金属虽存在不同程度的累积现象，但在短时间内却不会导致污染
的发生，即使是超标历时较短的 Zn 污染超标现象也需在设施种植约 211 年
左右才会出现。

四、设施菜地各重金属含量间的相互关系

将设施菜地重金属含量进行相关分析，发现多数重金属含量间呈现显
著相关（见表 5 - 3）。除 Cd 与 Cr、Ni、Pb 之间缺乏明显相关性外，其他任
何重金属元素两者之间均达 $P < 0.05$ 以上的显著性相关水平。累积程度较
高的高毒重金属元素 Cd 与 Cu、Zn 之间亦呈显著正相关，且其相关性达
$P < 0.01$ 的显著性水平。

主成分分析作为揭示环境中重金属来源的重要技术手段，其已被广泛
应用于土壤重金属的来源识别上，揭示重金属是来自于自然源或人类活动
源（Hopke，1992；Micó et al，2006）。根据对各金属元素含量进行主成分
分析的结果（表 5 - 4），各金属元素主要归结为 3 大因子的影响，这 3 个因
子共占总方差的 78%，所有金属都可以被这 3 个因子很好的替代。从主成
分矩阵来看（表 5 - 5），旋转变换前后的主成分并未发生变化，第 1 主成分
主要包含 As、Cr、Ni、Pb、Mg、Fe、K 和 Mn，第 2 主成分包含重金属 Cd、
Cu、Zn，第 3 主成分只包含 Ca 元素，但经过旋转变换后，第 2 旋转主成分
相应的值升高了，从而使旋转后的主成分变得更加清晰，这表明重金属 As、
Cr、Ni、Pb 有着共同的来源，且可能主要与当地土壤背景值的自然源相关
（Moreno et al，2002），而 Cd、Cu 和 Zn 则受同一来源的控制，主要受人为
活动排放源的影响。

表5-3 设施菜地重金属含量间的相关关系

重金属	As	Cd	Cr	Cu	Ni	Pb	Zn
As	1						
Cd	0. 238 *	1					
Cr	0. 589 **	0. 143	1				
Cu	0. 512 **	0. 564 **	0. 293 **	1			
Ni	0. 716 **	0. 145	0. 679 **	0. 341 **	1		
Pb	0. 746 **	0. 048	0. 575 **	0. 247 *	0. 685 **	1	
Zn	0. 651 **	0. 489 **	0. 411 **	0. 713 **	0. 390 **	0. 449 **	1

注：* 表示 $P < 0.05$ 显著性水平；** 表示 $P < 0.01$ 显著性水平。

表5-4 设施菜地土壤重金属含量主成分分析解释总体方差

主成分	初始特征值			提取后特征值			旋转变换后特征值		
	特征值	解释方差	累积方差	特征值	解释方差	累积方差	特征值	解释方差	累积方差
1	6. 095	50. 788	50. 788	6. 095	50. 788	50. 788	5. 405	45. 038	45. 038
2	2. 052	17. 098	67. 886	2. 052	17. 098	67. 886	2. 629	21. 908	66. 945
3	1. 230	10. 250	78. 136	1. 230	10. 250	78. 136	1. 343	11. 191	78. 136
4	0. 786	6. 551	84. 687						
5	0. 479	3. 989	88. 676						
6	0. 470	3. 918	92. 593						
7	0. 322	2. 686	95. 279						
8	0. 236	1. 968	97. 247						
9	0. 138	1. 150	98. 397						
10	0. 102	0. 849	99. 247						
11	0. 060	0. 496	99. 743						
12	0. 031	0. 257	100. 000						

表5-5 设施菜地土壤重金属含量主成分分析的主成分矩阵

	主成分			旋转主成分		
	1	2	3	1	2	3
As	0. 826	0. 250	- 0. 079	0. 646	0. 537	- 0. 214
Cd	0. 264	0. 771	0. 116	- 0. 046	0. 821	0. 042
Cr	0. 740	- 0. 011	- 0. 240	0. 650	0. 248	- 0. 348
Cu	0. 486	0. 744	0. 111	0. 166	0. 880	0. 005
Ni	0. 928	- 0. 159	0. 106	0. 921	0. 217	- 0. 028

（续表）

	主成分			旋转主成分		
	1	2	3	1	2	3
Pb	0.812	− 0.151	− 0.191	0.776	0.151	− 0.305
Zn	0.578	0.664	− 0.003	0.267	0.830	− 0.119
Ca	− 0.228	− 0.014	0.906	− 0.091	− 0.011	0.930
Mg	0.745	− 0.362	0.467	0.879	− 0.004	0.364
Fe	0.908	− 0.319	− 0.103	0.940	0.043	− 0.226
K	0.870	− 0.343	0.027	0.931	0.018	− 0.091
Mn	0.719	− 0.031	0.204	0.693	0.265	0.094

对吉林四平设施菜地重金属的含量的调查结果，可以发现设施菜地重金属出现了普遍累积的趋势。与吉林土壤背景值比较，除了 Pb 含量低于背景值，其他重金属的含量均不同程度地超过土壤背景值。而不同的农业利用方式下进行比较，亦以设施菜地的重金属含量最高，且显著高于露天菜地、林地和玉米地土壤（$P < 0.05$），这表明吉林四平的设施菜地土壤重金属累积是所有农业利用土壤中问题最为突出的土壤类型。在以往的研究中，多突出了菜地等农业土壤污染因工矿活动排放、污水灌溉（庞奖励等，2001）、交通车辆排放、污泥垃圾等固体废弃物的施用（周艺敏等，1990）等导致的重金属污染问题（Mapanda et al，2005；Nabulo et al，2006；周聪等，2003），也有一些研究报道了农用物资如农药化肥投入等导致的重金属污染风险问题（卢东等，2005；Alva，1992；Merry et al，1983），尤其是对于化肥如磷肥的施用带来的重金属环境风险，国际上已有不少研究报道，相关研究多针对的是普通露天土壤，而对于设施菜地这类高投入、高产出的相对封闭的系统重金属的累积现象揭示较少。

从四平设施菜地重金属平均含量与土壤背景值比较的结果看，其 Cd 超标问题最为突出，其次为 Cu，然后为 As，重金属 Cd、Cu、As、Cr、Zn、Ni 分别超出土壤背景值 801%、95%、30%、16%、10%、6%，得出其重金属累积程度由强至弱的顺序为 Cd > Cu > As > Cr > Zn > Ni > Pb。Cd 是一类与人类活动排放密切相关的重金属元素（Nriagu，Pacyna，1988），其所造成的环境危害在很大程度上与工业活动密切相关（Kelly，1996），通常镉被用于电镀、合金、塑料稳定剂以及颜料和生产电池等。在金属冶炼加工、废弃物焚烧以及化石燃料消耗等过程（Lin et al，2002；Nicholson et al，2003；Lindstrom，2001）。Cu 虽是植物生长所必需的微量元素，但过量的 Cu 却有着很高的植物毒性。正常土壤中的总 Cu 含量一般为 $15 \sim 40mg \cdot kg^{-1}$（刘铮，1996；Srivastava, Gupta, 1996）。野外实地研究证实，土壤中总 Cu 含量达到 $150 \sim 400mg \cdot kg^{-1}$，或者是有效态 Cu（DTPA）超过 $15mg \cdot kg^{-1}$ 时，就会对植物产生毒害（Adriano, 1986）。铜污染对土壤生物学性质，如土壤微生物的种类、区系、数量和活力，土壤酶的活性等的影响往往在植物出现明显的中毒症状之前就已经发生，并可通过影响土壤养分的释放等过程对植物的生长产生抑制作用。1982 年，FAO/WHO 推荐 Cu 的日允许摄入量为 $0.05 \sim 0.5mg \cdot kg^{-1}$ 体重，其中 $0.05mg \cdot kg^{-1}$ 为需要量，$0.5mg \cdot kg^{-1}$ 为最大耐受量（杨惠芬等，1997）。虽然锌是动、植物生长发育所必须的微量营养元素（陈怀满等，1996），但是，当锌过量时会对环境和人体造成危害（Tyler *et al*, 1989）；土壤锌对植物的毒性在很大程度上受土壤类型及地域性制约，其污染临界值随土壤类型和地域不同而存在较大差别（李惠英等，1994）。本研究表明四平设施菜地 Cd、Cu、Zn 等重金属的累积问题比较突出，甚至出现了一定程度的污染超标现象，这个关系食品安全和人们生命健康的敏感问题正向人们敲响警钟。从根本上讲，设施菜地中重金属的累积与其特殊的生产方式紧密相关，关于四平市各重金属累积过程、机制及其生物有效性等问题有待于今后的深入研究与探讨。

小　结

通过对吉林四平设施菜地土壤重金属含量及其变化趋势的研究，主要得出以下结论。

（1）将不同农业利用方式下的土壤重金属含量比较，发现设施菜地 As、Cd、Cr、Cu、Ni、Pb、Zn 等 7 种重金属含量均显著高于露天菜地、林地和玉米地土壤（$P < 0.05$），菜地土壤相对于林地和玉米地土壤具有较高的重金属含量，在 4 种农业土地利用类型中，以林地土壤中的重金属含量最低。

（2）通过对 83 个设施菜地土壤样本的调查分析，发现四平设施菜地土壤重金属含量从高至低的顺序依次为：Zn（$88.2mg \cdot kg^{-1}$）> Cr（$54.0mg \cdot kg^{-1}$）> Cu（$33.4mg \cdot kg^{-1}$）> Ni（$22.6mg \cdot kg^{-1}$）> As（$10.4mg \cdot kg^{-1}$）> Cd（$0.892mg \cdot kg^{-1}$）；与吉林土壤重金属背景含量相比，所有重金属除 Pb 略低于背景值之外，其他重金属均超出吉林省土壤背景值，其中 Cd 的超标样本比例在 95% 以上，As 在 83% 以上，Cr 在 78% 以上，Ni 在 68% 以上，Zn 在 60% 以上，Cu 的超标样本比例最低，约 39.8%

的样本超出土壤背景值；与世界正常土壤含量范围比较，有 24.1% 的样本出现了 Cd 含量超标现象，Cu 和 Zn 均有 7.2% 的样本出现了超标，仅 2.4% 的样本出现了 As 超标，吉林四平设施菜地重金属 Cd 的累积超标现象尤为突出。

（3）吉林四平设施菜地中各重金属普遍存在随着设施年限的增加而不断累积的趋势，在 7 种重金属中以 Zn 的累积速率最快，年累积速率为 1.215mg·kg^{-1}·a^{-1}，其次是 Cu，再次是 Pb，而 Cd 和 As 累积速率相对较小，其年累积速率分别为 0.065 6、0.016 8mg·kg^{-1}·a^{-1}，但若以森林对照土壤为基础，维持现有的耕作制度和施肥模式不变的情况下，研究区域内的设施菜地土壤会最早出现 Cd 因累积导致大面积的污染超标问题。

第六章　设施菜地重金属在土壤剖面的迁移

近年来，随着工业化、城市化的发展，人类活动对耕地质量的负面影响也日益凸显（Nriagu，Pzcyna，1988），尤其以农田中重金属的累积问题更为突出（Grelle *et al*，2000；Alam *et al*，2003）。菜地是受人类活动干扰较大的农田土壤，尤其是随着设施农业技术的逐步推广，设施菜地的质量演变等问题正受到越来越多的关注（郭文忠等，2004；Lafleur *et al*，2005；Zhang，Wang，2006）。在前人的研究中，对设施菜地的酸化、盐渍化及土传病害影响等的报道较多（Darwish *et al*，2005），认为设施种植导致土壤酸化和盐渍化并存、土传病害增多。近年来，设施菜地中重金属的累积问题也开始引起研究者的关注（李德成等，2003），认为在设施菜地农业化学品大量投入的背景下，土壤中某些重金属也呈现出累积的趋势，并对设施菜地的安全生产带来了一定威胁，但这些研究大多局限于区域调查或统计的结果，对设施菜地剖面中重金属的分布及随时间变化规律的研究较少。本文以山东寿光市圣城街和甘肃武威的蔬菜生产基地为对象，探讨了As、Cd、Cu、Zn、Cr、Ni等6种重金属在不同种植年限设施菜地中的垂直分布与迁移规律，以期为设施菜地的质量管理提供参考。

研究区域选择山东寿光圣城街道蔬菜生产基地和甘肃武威的长期定位试验基地。山东省寿光市圣城街道蔬菜生产基地，属暖温带季风性大陆气候，年均降雨量 608.2mm，年均气温 12.4℃，全年 $\geq 0℃$ 的持续时间为 276d，无霜期 195d。土壤类型为潮土，当地主要种植的蔬菜包括西红柿（*Lycopersicon esculentum*）、黄瓜（*Cucurbita maxima*）、苦瓜（*Telfairia occidentalis*）等，一般每年种植 1~2 茬，并通过轮作以减少病虫害发生。区域内设施大棚已经连片建设，其种植年限一般为 1~12a。蔬菜种植中，肥料的施用以有机肥和复合肥为主，有机肥包括猪粪、鸡粪和豆粕等，年累计施用量（以鲜质量计）221.1t·hm^{-2}；复合肥（N：P：K$_2$O = 15：15：15）的年累计施用量约为 17.5t·hm^{-2}；所施用的农药多为高效低毒的生物农药或复混农药，有机磷、有机氯等高毒农药已基本停止使用。菜地的灌溉水源均来自深层地下水，水质较好。在研究区域内，主要选择距离相近的 1~12 a 的蔬菜大棚进行取样和调查，采样和调查大棚的种植年限及数量分别为 1a（1 个）、2a（1 个）、4a（2 个）、5a（1 个）、6a（2 个）、7a（3 个）、8a（1 个）、10a（1 个）、12a（2 个）。在选择大棚时考虑所有大棚土壤本底值的相对一致性，并使其在种植蔬菜类型、强度和管理上基本一致，且基本上为相邻的大棚，以保证其相互间具有可比性。各大棚土样均按"S"型布点进行采集，每个大棚采集 5 个样点，每个样点均按 0~20、20~40、40~60、60~80、80~100、100~120、120~150cm 分层采集，各层次土样各自混合均匀后作为该大棚的剖面样品。由于当地的蔬菜大棚均是在小麦地的基础上建立的，因此，用同样方法采集了大棚附近的小麦地作为对照土壤（CK）。采集的大棚及对照土样按四分法取 1.5kg 带回室内处理分析。

　　甘肃武威市地处河西走廊蔬菜产业带东端，北邻腾格里沙漠，属国家重要的西菜东调基地之一，光热资源丰富，昼夜温差大，属典型的大陆性气候，年平均气温 7.8℃，降水量 60~610mm，蒸发量 1 400~3 010mm，日照时数 2 200~3 030 h，无霜期 85~165d，土壤为砂壤土，有效积温 2 980℃。南部祁连山区，海拔在 2 100~4 800m 之间，气候冷凉，降水丰富，中部平原绿洲区，海拔 1 450~2 100m，地势平坦、土地肥沃，日照充足，农业发达，是全省和全国重要的粮、油、瓜果、蔬菜生产基地，其设施栽培农业生产技术日益发达，2006 年全市日光温室面积达到 4 000 hm^2（甘吉元，2008）。重点选择甘肃武威凉州区高坝镇砱蟳村的长期定位试验观测基地进行取样，该基地重点针对设施年限为 7、11、14a 的 3 个典型设施蔬菜大棚进行土壤剖面样本的采集，每个大棚样本的采集均按"S"型布点进行采集，每个大棚采集 5 个样点，各样点按照 0~20、20~40、40~60、60~80、80~100cm 分层采集，各层次土样各自混合均匀后作为该大棚的剖面样本，同时采取新盖的大棚土壤为对照，了解重金属的土壤剖面中的迁移及随时间的变化情况，采集的大棚及对照土样按四分法取 1.5kg 带回室内处理分析。

一、山东寿光设施土壤剖面中重金属的迁移特征

根据蔬菜大棚的种植年限，将所得数据分为对照 CK、1~4a、5~8a、9~12a 4 个不同的种植年限段进行分析，以便从总体上得出不同种植年限的菜地土壤剖面中重金属元素的分布与垂直迁移规律。

1. 不同种植年限下土壤剖面中重金属的分布特征

从图 6-1 可以看出，随着土壤深度的增加，各种植年限下的 6 种重金属的含量均在一定程度上呈下降趋势，其中以 Cd 表现最为明显，其在种植年限为 1~4a、5~8a、9~12a 的 120~150cm 土壤剖面中的含量分别比相应的 0~20cm 土层降低约 65.3%、75.3% 和 84.7%。对照土壤中除了砷元素外，其他 5 种重金属元素也均表现出了相似的趋势，即随土壤深度的增加，各重金属的含量呈逐渐下降趋势。以上结果说明，随着土壤深度的增加，研究区域设施菜地中重金属含量存在较明显的由高至低的垂直分布趋势；从不同种植年限土壤剖面中重金属的含量比较来看，除个别土层的某些重金属元素外，种植年限为 1~4a、5~8a、9~12a 各土层重金属含量与相同土层的对照相比均有提高，将各种植年限相同土层的重金属元素含量取平均值与对照土壤比较可以发现，0~20cm 土层中重金属 As、Cd、Cu、Zn、Cr、Ni 含量分别比相同土层的对照增加了约 35.0%、146.2%、65.6%、36.4%、21.5% 和 14.0%，120~150cm 土层中重金属 As、Cd、Cu、Zn、Cr、Ni 含量分别比对照增加约 10.6%、178.5%、19.4%、20.2%、15.2% 和 9.3%。由此可见，设施菜地土壤中的 6 种重金属元素具有一定的累积特性，并可能同时存在由表层向下层迁移的趋势。

将种植年限与各金属元素含量在 0~20 cm 土层中的含量进行相关分析可以发现（图 6-2），重金属 Cd、Cu、Zn 含量表现出随种植年限的增加而增加的趋势，其中种植年限与 Cd 含量间的相互关系可用 $y = 0.027t + 0.046$（$R^2 = 0.6135$，$P < 0.05$）来表示，根据该关系式，可以求得 0~20cm 土层中 Cd 的累积速率为 $0.027 \text{mg} \cdot \text{kg}^{-1} \cdot \text{a}^{-1}$；种植年限与 Cu 含量间的相互关系可用 $y = 1.153t + 14.451$（$R^2 = 0.4016$，$P < 0.05$）表示，铜含量的累积速率为 $1.153 \text{mg} \cdot \text{kg}^{-1} \cdot \text{a}^{-1}$；种植年限与 Zn 含量间的相互关系可用 $y = 2.893t + 45.105$（$R^2 = 0.6135$，$P < 0.05$）表示，Zn 的累积速率可达到 2.830

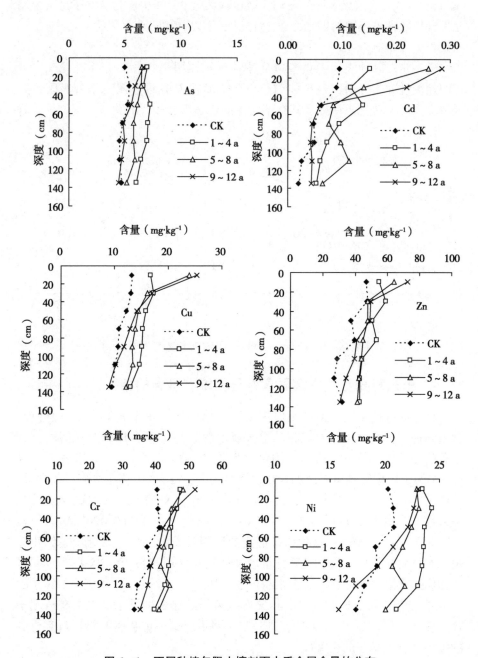

图 6-1　不同种植年限土壤剖面中重金属含量的分布

$mg \cdot kg^{-1} \cdot a^{-1}$。该结果表明，在调查区域蔬菜地 $0 \sim 20\ cm$ 土层中存着重金属元素含量随种植年限的增加而累积的现象，其中特别是重金属 Cd、Cu、Zn 的累积更为明显。

进一步对其他土层中重金属含量与种植年限进行相关分析，发现二者间的相关性并不显著，这可能与土壤剖面状况及各重金属元素的吸附、解吸特性，形态转化规律以及其在剖面重的迁移等有很大的关系。

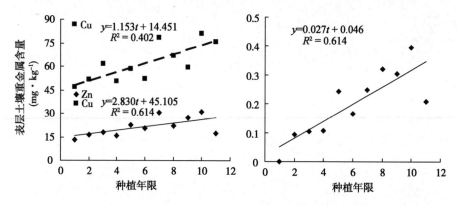

图 6 - 2　表层（0 ~ 20cm）土壤锌、铜、镉含量与设施年限的关系

2. 山东寿光土壤重金属含量与土壤有机碳的相关性

将不同种植年限、不同土层深度下土壤中各种重金属的含量与有机碳含量间进行相关分析，发现各种重金属的含量与土壤有机碳含量间均具有显著的相关性（图 6 - 3），且均可以用直线方程式 $Y = aX + b$ 来表示（式中：Y 为土壤中某种重金属的含量，单位为 $mg \cdot kg^{-1}$；X 为土壤有机碳含量，单位为 $g \cdot kg^{-1}$）。土壤中 As、Cd、Cu、Zn、Cr、Ni 含量与有机碳含量的相关系数 r 分别为 0.413、0.559、0.761、0.761、0.524 和 0.400，均为极显著正相关（$P < 0.01$）。这种结果可能的原因是设施菜地大量施用集约化养殖场有机肥，在使土壤有机质含量增加的同时（周建斌等，2004），也同时使相应的重金属元素在土壤中累积。在上述 6 种重金属中，土壤中 Cd、Cu、Zn 的含量与土壤有机碳含量的相关性显著，而这 3 种重金属也在有机肥中含量较高（张树清等，2005），进一步说明了土壤中重金属的累积与有机肥的施用具有较显著的相关性。

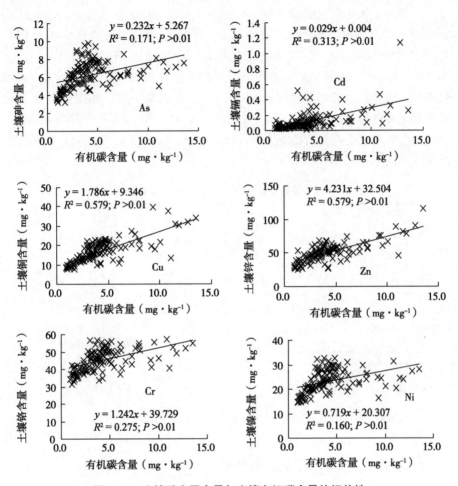

图6-3　土壤重金属含量与土壤有机碳含量的相关性

3. 土壤重金属含量与土壤全氮、全磷含量的相关性

将不同种植年限、不同土层深度下土壤中6种重金属的含量与土壤全氮、全磷含量进行相关分析（表6-1），结果表明土壤全氮含量与各种重金属含量间均存在显著的正相关关系，其中，全氮含量与土壤As、Cd、Cu、Zn、Cr、Ni含量间的相关系数r分别为0.402、0.465、0.744、0.780、0.502、0.406，且均为极显著正相关。土壤中全磷含量则与除Ni以外的所有重金属含量间均存在正相关关系（P<0.01）。表明土壤重金属的累积可能在一定程度上也与化肥、特别是磷肥的施用有关（陈芳等，2005）。同

时，各种重金属相互之间亦存在一定的相关性，如 As 含量与 Cu、Zn、Cr、Ni 含量间均存在极显著的相关关系（$P < 0.01$），但与 Cd 含量无明显相关性；Cd 含量与除 As、Ni 以外的重金属间均存在显著相关性（$P < 0.01$），Cu、Zn、Cr 与其他所有重金属间均存在相关性（$P < 0.01$），Ni 与除 Cd 外的重金属间存在显著相关性（$P < 0.01$）。这些结果说明，相关重金属之间可能存在某种程度的同源性。As 与 Cu、Zn、Cr、Ni 的累积是基本同步的，说明其在来源上也可能存在较强的相似性，而 Cd 与 Cu、Zn、Cr 的累积亦存在一定的累积同步性和来源相似性。

表 6 – 1 土壤重金属含量与总氮、总磷含量的相关性

	N	P	As	Cd	Cu	Zn	Cr	Ni
N	1							
P	0.821**	1						
As	0.402**	0.114	1					
Cd	0.465**	0.436**	0.158	1				
Cu	0.744**	0.631**	0.746**	0.315**	1			
Zn	0.780**	0.633**	0.696**	0.406**	0.883**	1		
Cr	0.502**	0.271**	0.845**	0.309**	0.772**	0.777**	1	
Ni	0.406**	0.067	0.923**	0.131	0.720**	0.689**	0.905**	1

注：** $P < 0.01$。

二、甘肃武威设施菜地重金属的迁移

1. 土壤重金属的剖面分布特征

从不同年限设施蔬菜大棚各重金属含量在土壤剖面中的分布图（图 6 – 4）可以看出，除 Cr 和 Ni 外，不同利用年限的设施菜地土体中重金属含量均有从表层向下层不断降低的趋势，但各重金属含量在土壤剖面的垂直分布规律表现不尽一致。

从砷的情况看，设施年限为 7、11、14a 的 $0 \sim 20cm$ 表层土壤砷含量分别为 12.27、13.03、13.61mg·kg^{-1}，其含量分别比对照土壤（11.41mg·kg^{-1}）增加的幅度为 7.5%、14.2% 和 19.3%，至 $20 \sim 40cm$ 时，已分别降低至 11.98、12.15、13.32mg·kg^{-1}，比相应表层土壤降低幅度为 2.3%、6.7%、2.1%，至 $40 \sim 60cm$ 时，上述 3 个年限土壤砷含量分别为 11.71、11.52、13.03mg·kg^{-1}，比表层土壤砷含量降低幅度为 4.6%、

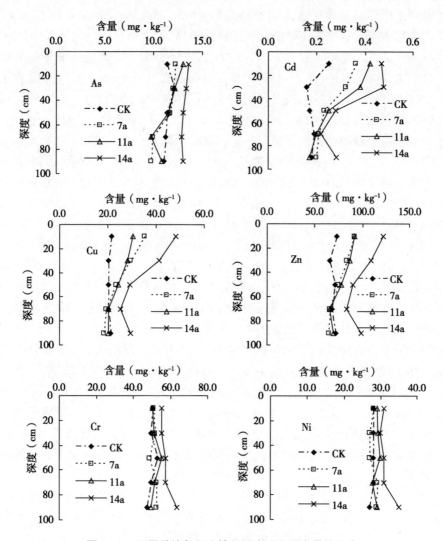

图6-4　不同种植年限土壤剖面中重金属含量的分布

11.6%、4.3%，当土壤深度增加至60～80cm时，砷含量降低至9.88、9.71、12.88mg·kg⁻¹，比表层降低幅度为19.4%、25.4%、5.3%，而80～100cm底层土壤中的砷含量已分别降低至9.71、10.80、13.05mg·kg⁻¹，比表层土壤分别降低2.8%、19.6%、16.4%。与对照土壤相应土层比较，设施菜地各层土壤中砷含量均有不同程度的增加，其中，设施年限为14a的表层土壤以下各层20～40cm、40～60cm、60～80cm及80～100cm的底层土壤比对照土壤底层砷含量增加幅度分别为 10. %、14.5%、14.6% 及 17.9%，设施土壤中砷含量呈现明显的向下迁移的趋势。

　　从镉来看，设施年限为 7、11、14a 的表层土壤中镉含量分别为 0.359、0.419、0.468mg·kg^{-1}，比对照土壤表层镉含量（0.250mg·kg^{-1}）增加了 0.109、0.169、0.218mg·kg^{-1}，增幅分别达 43.4%、67.5%、87.2%，而上述 3 种年限下 20～40cm 的镉含量依次为 0.319、0.380、0.478mg·kg^{-1}，与对应表层土壤相比，镉含量有一定程度的下降，至 40～60cm 时的镉含量已降低至 0.230、0.249、0.279mg·kg^{-1}，比相应表层土壤降低幅度为 35.9%、40.5%、40.4%，至 80～100cm 的底层土壤时，镉含量分别降低至 0.199、0.170、0.280cm，降低幅度分别为 44.5%、59.5%、40.3%。若与对照土壤对应层次比较，除个别土层以外，不同设施年限的土体各层镉含量均有不同程度的增加，其中 7、11、14a 的 40～60cm 土层中增幅 63.0%、47.3%、65.2%，60～80cm 的含量增幅分别为 10.1%、4.7%、15.5%，设施年限最长（14a）的 80～100cm 底层土壤中镉含量比对照土壤相应层次的含量增加幅度为 56.1%。从表层土壤镉随时间的变化情况看，设施年限与土壤镉含量间存在显著正相关关系，其相关性可用线性方程 $y = 0.0155x + 0.2497$（$R^2 = 0.9999$，$P < 0.01$）来表示，其中 y 为镉含量，x 为设施年限，即土壤的年累积速率为 0.0155mg·kg^{-1}，若以当地土壤背景含量 0.116mg·kg^{-1} 为依据，则达到国家土壤环境质量 Ⅱ 级标准中 1.0mg·kg^{-1} 则需 57 年的时间，因而短时间内尚无环境安全风险。由此可见，设施菜地土壤镉含量不仅呈现从表层向下层垂直递减的趋势，随着设施年限的增加，设施菜地土壤镉含量显著增加，且不同年限土壤镉均有不同程度的镉淋溶下渗现象。

　　从铜含量看，设施年限为 7、11、14a 的表层土壤中的含量分别为 35.31、30.36、48.25mg·kg^{-1}，其含量比对照土壤（21.44mg·kg^{-1}）分别增加 64.7%、25.3%、88.3%，与表层土壤比较，此 3 个年限 20～40cm 的土壤铜含量则分别降低至 29.37、28.22、41.30mg·kg^{-1}，降低幅度分别为 16.8%、7.0%、14.4%，至 40～60cm 时，铜含量比表层土壤降低幅度分别为 33.6%、19.8%、39.1%，至 60～80cm 时，降低幅度分别达 45.1%、33.0%、47.4%，而 7、11、14a 的 80～100cm 的底层土壤铜含量分别为 18.34、20.43、29.41mg·kg^{-1}，比对应表层土壤分别降低 48.0%、32.7%、39.0%，不同年限下设施土壤铜含量从表层向下层呈现不断降低趋势。与对照比较，虽然年限为 7 年和 11 年的各层土壤铜含量增加不如 14a 的土壤明显，但 14a 的设施土壤 20～40cm、40～60cm、60～80cm、80～100cm 各层铜含量均比对照土壤相应土层含量增加幅度分别高达 102.9%、44.0%、24.4%、37.7%，不仅土壤各层次的累积现象明显，表现了明显的下渗迁移趋势，且年限越长的设施土壤铜淋失的风险越高。

根据不同设施年限下土壤剖面中锌含量的分布，可以看出，不同年限设施菜地土壤中锌含量自表层向下层土壤呈现明显降低的趋势，除个别土层外，且各年限土壤各层锌含量均明显高于对照土壤。从 0～20cm 的表层土壤看，7、11、14a 的设施菜地锌含量分别为 91.38、91.49、122.24mg·kg^{-1}，均明显高于对照土壤 71.72mg·kg^{-1}，增加幅度分别为 25.7%、25.8% 和 68.1%，至 20～40cm 时，上述 3 个年限下土壤锌含量为 83.53、86.33、109.36mg·kg^{-1}，比同一深度的对照土壤高出 10.8%、13.6%、36.6%，但比同一土体表层土壤含量分别降低 8.6%、5.6%、10.5%，当土壤深度增至 40～60cm 时，7、11、14a 的设施菜地锌含量分别为 74.69、77.44、89.48mg·kg^{-1}，比表层土壤含量降低幅度为 2.8%、6.6% 和 23.4%，但均明显高于同一深度的对照土壤。至 80～100cm 的底层土壤时，7、11、14a 的设施菜地锌含量已分别降低至 65.37、69.67、98.61mg·kg^{-1}，相对于同一剖面表层土壤降低幅度分别为 28.5%、23.9%、19.3%，与同一深度的对照土壤比较，设施耕作年限为 14a 的土壤 60～80cm、80～100cm 的锌含量分别增加 21.8% 和 36.1%。

从铬和镍含量在设施土壤中的剖面分布看，两者表现的规律大致相似。尽管表层土壤中铬和镍含量均高于对照表层土壤，其中 7、11、14a 的设施菜地表层铬含量为 50.63、50.51、55.45mg·kg^{-1}，比对照土壤 50.42mg·kg^{-1} 均有不同程度的提高，随着土壤深度的增加，除个别土层外，土壤铬镍含量表现为不稳定的增加趋势。

至 60～80cm 时，7、11、14a 的设施菜地铬含量分别增加至 52.51、51.38、57.50mg·kg^{-1}，比相应表层土铬含量分别增加幅度为 3.7%、1.7%、3.7%，比同深度的对照土壤 6.2%、3.9%、16.2%，至 80～100cm 时，上述 3 个年限土壤铬含量分别为 52.42、49.59、63.56mg·kg^{-1}，比同一深度的对照土壤铬含量高出 10.6%、4.7%、34.2%。对镍而言，至 80～100cm 底层土壤时，7、11、14a 的设施菜地镍含量为 28.89、28.99、34.97mg·kg^{-1}，比相应土体表层镍含量增加幅度为 7.3%、7.3%、26.3%，比同层次的对照土壤分别增幅为 7.6%、7.4%、28.0%。总体来说，土壤底层铬和镍含量增幅最为明显，且设施年限越长的土壤底层土壤铬镍含量越高，其向土体垂直下移的风险也最高。

2. 土壤重金属与土壤有机碳等指标的相关性分析

通过测定部分土壤有机碳含量，并分析其与土壤重金属含量的关系，结果表明多数重金属含量与土壤有机碳等指标间存在某种关联。就 6 种重金属而言，统计分析的结果表明，Cd、Cu、Zn 与土壤有机质含量间呈现显著正相关关系，两者间达 $P < 0.01$ 的极显著性水平，其相互关系可用不同的线性方程表示，即 Cd 的方程为 $y = 0.026\,9x + 0.096$（$R^2 = 0.807\,9$）；Cu 的方程为 $y = 1.080\,4x + 18.295$（$R^2 = 0.323\,9$）；Zn 的方程为 $y = 2.268\,4x + 65.296$（$R^2 = 0.335\,3$），其中 x 为土壤有机碳含量（$g \cdot kg^{-1}$），y 为土壤重金属含量（$mg \cdot kg^{-1}$），如图 6 – 5 所示，这表明随着土壤有机质含量的增加，土壤 Cd、Cu、Zn 含量均呈极显著的累积趋势。

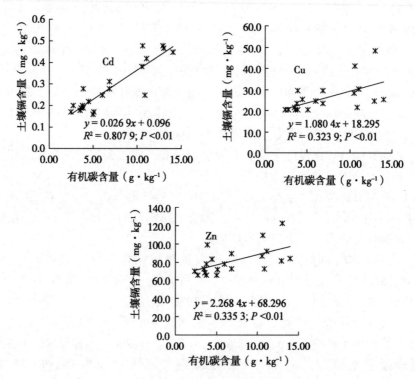

图 6 – 5　土壤重金属含量与土壤有机碳含量的相关性

通过重金属与土壤总磷的相关性分析结果，发现砷、镉、铜、锌的含量与土壤总磷之间亦呈现显著的相关关系（$P < 0.01$），且可用线性方程很好地拟合其相互关系。即 As 含量关系方程为：$y = 0.160\,5 + 0.099\,8$（$R^2 = 0.412\,6$）；Cd 含量关系方程为：$y = 1.059x + 10.64$（$R^2 = 0.798\,3$）；Cu 含量方程为：$y = 9.015\,9x + 15.472$（$R^2 = 0.626\,5$）；Zn 含量方程为：$y = 18.127x + 60.296$（$R^2 = 0.594\,6$），其中，x 为土壤总磷含量（$g \cdot kg^{-1}$），y 为土壤重金属含量（$mg \cdot kg^{-1}$），如图 6-6 所示，从不同直线方程的斜率可以看出，随着土壤总磷含量的增加，各重金属含量的增加幅度排序为：Zn > Cu > As > Cd。与土壤磷及有机碳不同，统计分析结果发现土壤 pH 值与重金属砷、镉、铜、锌的含量间呈现显著的负相关关系，即这 4 类重金属含量越高，土壤 pH 值呈现显著的降低趋势，即随着土壤重金属的不断累积，土壤酸化现象愈加明显（图 6-7）。

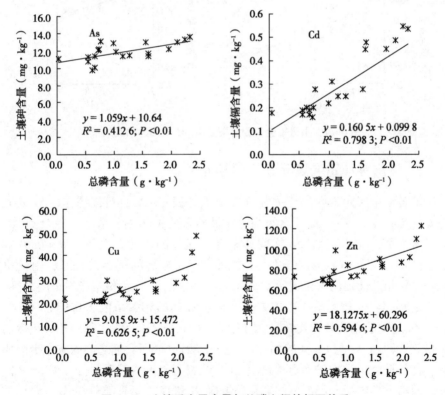

图 6-6 土壤重金属含量与总磷之间的相互关系

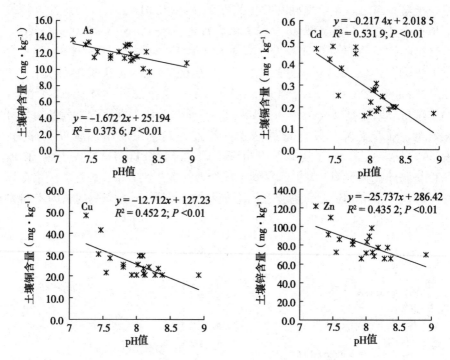

图 6-7　土壤重金属含量与土壤 pH 之间的相互关系

3. 设施菜地重金属元素间的相互关系

　　从各重金属元素间的相关性分析结果（表 6-2），可以看出，As 元素与 Cd、Cu、Zn、Cr、Ni 元素间均存在极显著的正相关关系，且达 $P<0.01$ 的显著水平，Cd 与 Cu、Zn 之间亦呈现极显著的正相关关系（$P<0.01$），Cu 与 Zn；Zn 与 Cr、Ni；Cr 与 Ni 之间均存在显著的正相关关系，由此推测，这些相关性强的重金属元素之间具有一定的同源性和同步累积的特性，尤其是 Cu 与 Zn 相关系数达 0.970，Cr 与 Ni 间的相关系数达 0.934，Cd 与 Cu、Zn 之间的相关系数均在 0.72 以上，而 As 与 Cu、Zn 之间的相关系数均在 0.75 以上，As 与 Cu 间的相关系数达 0.821，说明它们之间的来源十分相似。将各重金属元素进行聚类分析，结果表明，可将这几种重金属分为四类，即第Ⅰ类包括 Cu 和 Zn，第Ⅱ类包括 Ni 和 Cr，第Ⅲ类包括 As，第Ⅳ类包括 Cd，这与上述相关性分析的结果具有良好的一致性，即相应的重金属之间存在一定程度累积的同步性和同源性（Wong，Mak，1997；RecataláL et al，2006）。

表 6 - 2　设施菜地各重金属元素间的相关关系

	As	Cd	Cu	Zn	Cr	Ni
As	1					
Cd	0. 528 *	1				
Cu	0. 765 **	0. 729 **	1			
Zn	0. 821 **	0. 748 **	0. 970 **	1		
Cr	0. 604 **	0. 121	0. 430	0. 552 *	1	
Ni	0. 621 **	0. 232	0. 481 *	0. 629 **	0. 934 **	1

三、设施菜地土壤剖面中重金属迁移的原因分析

设施菜地中重金属 As、Cd、Cu、Zn、Cr、Ni 均不同程度地存在由表层向下层土壤垂直迁移的现象，在一定程度上增加了土壤重金属淋溶至地下水的风险，但随着种植年限的继续延长，土壤中的重金属是否存在向更下层土体的迁移还有待进一步研究。大量研究发现，长期施用有机物料后的土壤，重金属均有由表层向深层土壤迁移的现象（周立祥等，1994）。设施菜地属于有机肥投入较高而土壤有机质丰富的土壤，据研究，森林土壤有机质层淋溶液对土壤金属元素有很大的解吸作用（Qualls，Hainens，1991），与此同时，施用有机肥可产生大量的可溶性有机质（dissolved organic matter，DOM）（章永松等，1998），导致重金属的活性增强（Gerritse，1996；王果等，1999；陈同斌和陈志军，2002），也加速了重金属的迁移。如据 Kalbitz 和 Wennrich（1998）的研究表明，土壤剖面中 Cr、Hg、Cu、As 的含量与 DOM 含量呈正相关。本研究土壤剖面中各重金属含量与土壤有机碳含量呈显著正相关，表明有机质与重金属含量密切相关，有机质含量高的土壤中重金属的迁移能力可能也较强。另有研究表明，干湿交替及淹水条件会使土壤溶液中 DOM 浓度升高（Merckx et al，2001），温度升高可导致DOM 的淋滤作用增强（Christ，David，1996），从而土壤中的重金属等污染物会随着 DOM 向土壤深层迁移（Guggenberger et al，1994）。此外，当灌溉或降雨时，土壤剖面中由根孔、结构孔隙形成的水分优势流可促进重金属向深层土壤迁移（Camobreco et al，1996；Richards et al，1998）。由此看来，在高温环境、干湿交替、频繁灌溉以及土壤有机质累积等因素的影响下，

均可导致设施菜地土壤重金属向下层迁移，并可能会对地下水安全构成威胁。

小　结

通过对山东寿光和甘肃武威两个典型区域土壤剖面重金属分布与迁移特性的研究，得到如下的研究结果：

（1）山东寿光和甘肃武威的设施菜地土壤剖面重金属存在一定程度的累积趋势，表层土壤重金属含量普遍较高且累积较为严重，随着土层深度的增加，重金属含量多呈现出不断降低的趋势；与对照比较，相同土层设施菜地土壤中重金属含量明显较高，这可在一定程度上给地下水安全带来一定的环境风险。

（2）山东寿光设施菜地 0～20 cm 土层中，重金属 Cd、Cu、Zn 的含量随种植年限的增加呈现出累积的趋势，相关分析表明，其含量与种植年限具有显著正相关关系（$P < 0.05$），而甘肃武威的设施菜地重金属含量随着设施年限的增加而不断累积的趋势明显。

（3）山东寿光和甘肃武威两地的结果均表明设施菜地重金属的累积与土壤有机碳、全磷含量等土壤基本性质间密切相关。其中，寿光设施菜地中重金属 As、Cd、Cu、Zn、Cr、Ni 的含量与土壤有机碳、全氮含量间显著正相关（$P < 0.05$），除 Ni 以外的其他 5 种重金属含量与全磷含量呈显著相关（$P < 0.05$）；而武威设施菜地的 Cd、Cu、Zn 与有机碳之间呈显著正相关（$P < 0.01$），其 As、Cd、Cu、Zn 含量随着土壤总磷含量的增加呈显著升高趋势（$P < 0.01$），与此同时该 4 种重金属与土壤 pH 间显著负相关，土壤酸化现象明显，该结果在一定程度上预示着集约化养殖场的猪粪、鸡粪等有机肥的大量施用可能将在某种程度上导致设施菜地重金属的累积。

第七章 设施菜地重金属累积的驱动力分析

重金属 Cd、Cu、Pb、Ni、Zn 被美国国家环境保护局列为危害最大的优先控制污染物（Cameron，1992）。从世界范围来看，除 Pb 随着人们对其毒性的关注程度日益提高导致相应的产生和使用量在不断减少外，其他重金属 Cd、Cu、Zn 的产生量和排放进入土壤中的数量均处于逐年增加的趋势，其中，Cu 的产量最大，从 1975 年的 6 739 000t 增加至 1990 年的 8 814 000t，Zn 的产量仅次于 Cu，而 Cd 的产量从 1975 年的 15 200t 增加至 1990 年的 20 200t（World Resources Institute，1992），这些重金属一旦产生就会通过各种途径进入环境，或被土壤吸附，或通过地表径流进入江河湖泊，或通过淋溶作用进入地下水，人们通过直接饮用水源、对土壤的直接摄取、食用经污水灌溉及生长在重金属污染土壤上的植物或受重金属污染的动物，最终通过人类食物链进入人体，导致危害人类的生命健康。长期以来，环境保护界对大气和水体重金属污染方面的研究较多，随着国际社会对土壤重金属污染的日益重视，土壤重金属的累积及污染问题正引起土壤学、植物营养学、农业环境保护等业界人士的广泛关注。

据统计，20 世纪 80 年代，各重金属排放进入土壤中的量 Zn 为 1 372 000t·a^{-1}，Cu 为 954 000t·a^{-1}，Pb 为 796 000t·a^{-1}，Cd 为 22 000t·a^{-1}。一般来说，环境中的重金属主要来自人为源和自然源。自然源主要来自于天然地球化学过程，是成土母质决定的，而人为源则主要来自于工农业活动的排放，如化石燃料的燃烧、污水灌溉、大气沉降、污泥使用、农用物资的投入等（Naqvi，Rizvi，2000）。多年来，国际社会对于工业活动导致的农田土壤重金属污染问题的研究较多（Khairiah *et al*，2004；Culbard *et al*，1988；Kachenko，Singh，2006），尤其是对工矿业生产活动集中的区域，重点涉及了因冶炼、采矿等导致的土壤重金属污染问题，其来源也非常明确（Muchuweti *et al*，2006）。对于农业土壤尤其是高度集约化生产的菜地土壤重金属的驱动力及其来源问题，至今为止，尚缺乏充分认识和深入研究。

设施菜地是一类非常特殊的农田生态系统，其复种指数高、农用物资投入量大、温度高、湿度大，具有不同于传统耕作方式下的普通农田土壤，基于前述的研究结果，设施菜地重金属出现了明显的累积趋势，但潜藏在这种现象背后的机制和途径是什么？来源究竟怎样？目前尚不清楚，鉴于此以中国典型区域山东寿光、河南商丘、吉林四平的设施菜地为基础，考虑到设施菜地区别于普通大田的肥料投入量大的特点，重点对典型区域设施蔬菜生产的农户肥料施用情况进行了现场问卷调查，主要包括肥料施用种类、施用结构、施肥水平、设施年限、栽培历史以及蔬菜种植的相关情况。初步揭示该研究区域中重金属的来源，为采取针对性的控制策略提供科学依据。

一、典型区域设施蔬菜种植基本情况

在山东寿光共对 62 家生产设施蔬菜的农户进行了详细调查。调查发现，当地设施菜地的肥料投入品种主要为化肥和有机肥，其中化肥以氮磷钾复合肥（15 – 15 – 15）为主，平均每年的化肥投入量为 $10.6t \cdot hm^{-2} \cdot a^{-1}$，最高达 $38.9t \cdot hm^{-2} \cdot a^{-1}$，有机肥以猪粪、鸡粪、豆肥（豆饼、豆粕）为主，年平均施用量为 $207.2t \cdot hm^{-2} \cdot a^{-1}$，最高施用量为 $493.8t \cdot hm^{-2} \cdot a^{-1}$，设施蔬菜种植品种繁多，如西红柿、黄瓜、辣椒、苦瓜、豆角等等，大棚菜地复种指数较高，每年一般实行 2～3 茬蔬菜种植，设施年限为 1～15 年不等。

对河南商丘设施菜地生产情况的调查发现，当地的肥料投入类型主要为化肥和有机肥，其中化肥以氮磷钾复合肥为主，同时施用少量的磷酸二铵、尿素、过磷酸钙等，该地区平均每年的化肥施用量为 $6.3t \cdot hm^{-2} \cdot a^{-1}$，最高达 $27.5t \cdot hm^{-2} \cdot a^{-1}$，有机肥以猪粪、鸡粪为主，此外还有施用少量牛粪、羊粪、人粪尿、籽饼、麦秸、蓖麻饼、鹌鹑粪等其他有机肥，有机肥平均用量为 $97.5t \cdot hm^{-2} \cdot a^{-1}$，最高用量 $357.1t \cdot hm^{-2} \cdot a^{-1}$。当地设施蔬菜种植品种繁多，如西红柿、黄瓜、辣椒、芹菜、茄子、木耳菜、生菜等等，大棚菜地复种指数较高，一般每年种植 2～3 茬蔬菜，温室大棚种植设施蔬菜年限最短时间为 1 年，最长设施种植时间达 24 年。

吉林四平的施肥种类亦为化肥和有机肥，其中化肥以磷酸二铵、尿素和氮磷钾复合肥为主，同时施用少量的钾肥、微肥等，该地区平均每年的化肥施用量为 $5.06t \cdot hm^{-2} \cdot a^{-1}$，最高达 $16.67t \cdot hm^{-2} \cdot a^{-1}$，有机肥的施用以猪粪、鸡粪、人粪尿、牛粪为主，此外个别农户施用少量的羊粪、马粪、玉米秸等有机肥料。研究区域设施菜地年平均施用有机肥量为 114.7t·hm^{-2}·a^{-1}，最高施用量为 510t·hm^{-2}·a^{-1}，设施蔬菜主要以西红柿、黄瓜、豆角等作物为主，大棚菜地复种指数较高，一般农户每年种植 2 茬，设施年限为 1~30 年不等。

二、典型区域重金属的驱动力分析

1. 山东寿光设施菜地重金属累积的驱动因子分析

（1）重金属含量与土壤基本性质间的相关性

将土壤基本性质与重金属含量进行相关分析的结果表明，土壤总有机碳与 Cd、Cu、Zn 含量间显著正相关（见图 7 - 1），并达 $P < 0.05$ 以上的显著水平，而土壤速效磷与 Cd、Cr、Cu、Zn 之间亦呈显著相关关系（图 7 - 2），达 $P < 0.01$ 的显著性水平，其可用一元线性方程进行很好的拟合。这

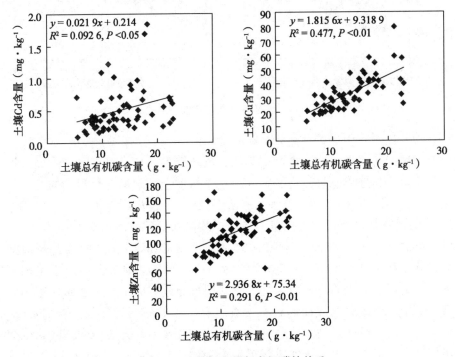

图 7 - 1　土壤重金属与有机碳的关系

表明随着土壤总有机碳和速效磷含量的增加，相应的重金属含量呈现显著增加的趋势。

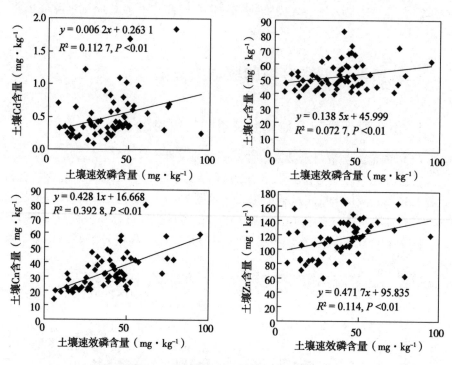

图 7-2 土壤重金属与速效磷的关系

（2）肥料施用水平对重金属累积的影响

根据田间调查结果，将设施菜地肥料施用水平与设施年限相乘即可得设施菜地肥料施用总量，将肥料施用总量与重金属含量进行相关分析（如表 7-1、图 7-3 ~ 7-4 所示），结果表明，土壤重金属 Cd、Cr、Cu、Pb、Zn 的含量与有机肥施用量两者转对数值间呈现显著正相关（$P < 0.05$ 以上显著性水平）；同理，化肥施用量与土壤 Cd、Zn 含量两者对数值间呈显著正相关（$P < 0.05$ 以上显著性水平），而与其他重金属间未发现显著相关关系。这表明有机肥和化肥的施用可导致相应土壤重金属含量的升高。其中从模拟直线方程的斜率可看出有机肥的施用导致的土壤 Cd、Zn 含量升高的幅度明显高于化肥施用带来的相应含量升高的幅度，因此可初步推测：有机肥可能是导致设施菜地重金属 Cd、Zn、Cr、Cu、Pb 等累积的重要原因。

表 7 - 1 肥料水平与重金属含量的相关关系

	Log10（有机肥用量/t·hm^{-2}）	Log10（化肥用量/t·hm^{-2}）
Log10（As 含量/mg·kg^{-1}）	0.154	0.228
Log10（Cd 含量/mg·kg^{-1}）	0.478**	0.367*
Log10（Cr 含量/mg·kg^{-1}）	0.301*	-0.094
Log10（Cu 含量/mg·kg^{-1}）	0.337*	0.152
Log10（Ni 含量/mg·kg^{-1}）	0.090	-0.049
Log10（Pb 含量/mg·kg^{-1}）	0.296*	0.226
Log10（Zn 含量/mg·kg^{-1}）	0.584**	0.447**

*$P < 0.05$ 显著性水平；**$P < 0.01$ 显著性水平。

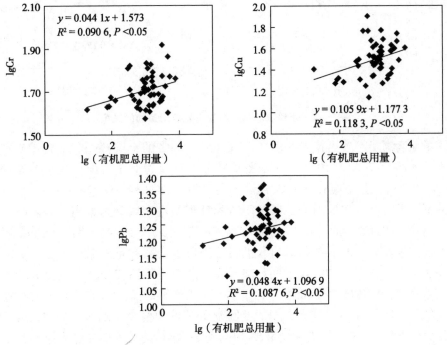

图 7 - 3 重金属 Cr、Cu、Pb 与有机肥用量间的关系

（3）施肥类型对重金属累积的影响

为了探讨设施菜地土壤重金属累积的原因，根据田间调查结果，研究了设施菜地施用猪粪、鸡粪和豆粕等不同施肥方式对重金属含量的影响（表 7 - 2）。对应的统计分析结果表明：重金属 Cu、As 在施用猪粪处理下的

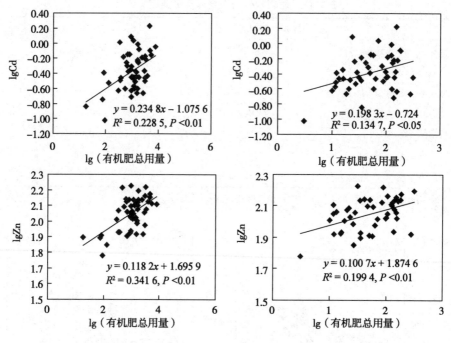

图 7-4　土壤 Zn、Cd 含量与肥料用量间的关系

含量显著高于不施用猪粪处理（$P < 0.05$），前者的土壤 Cu 和 As 含量分别为后者的 1.43 和 1.10 倍，而施肥豆粕的处理显著低于不施用豆粕的处理（$P < 0.05$），其土壤 Cu 和 As 含量分别仅为后者的 84.1% 和 90.7%，且三种不同类型有机肥处理下，以施用猪粪处理的重金属含量最高，显著高于施用豆粕的处理（$P < 0.05$），而与鸡粪处理间无显著差异。对其他重金属来说，未发现各种不同类型的有机肥处理对重金属含量构成显著影响。对 Cr 而言，虽然各处理其含量间无显著差异，但施用猪粪处理 > 鸡粪处理 > 豆粕处理，且各施肥处理的 Cr 含量均高于不施肥处理；Cd 含量在各有机肥处理下的情况与 Cr 有类似之处，各施肥处理的含量高于不施肥处理，且猪粪处理下的土壤 Cd 平均含量最高；Pb 和 Zn 在鸡粪处理的含量高于不施用鸡粪处理，施肥豆粕处理却低于不施用豆粕处理下的 Pb 和 Zn 含量。因而，猪粪可能是设施菜地土壤 As、Cu 和 Cd、Cr 的重要来源，而施用豆粕处理则可能因减少了猪粪的输入导致其土壤中重金属 As 和 Cu 的含量显著降低。同样，鸡粪也可能是导致设施菜地土壤 As、Cr、Pb、Zn 等重金属含量升高的重要原因之一。

表 7 - 2 不同施肥方式下设施菜地土壤中重金属含量差异 （mg·kg^{-1}）

重金属	施肥方式		样本数	平均值	标准差	95% 置信区间	
						下限	上限
Cr	猪粪	+	20	53.86a	8.962	49.66	58.05
		−	33	52.53a	9.771	49.06	55.99
	鸡粪	+	43	53.68a	8.508	51.07	56.30
		−	10	50.22a	12.76	41.09	59.35
	豆粕	+	25	53.21a	10.03	49.07	57.35
		−	28	52.87a	8.998	49.38	56.36
Cu	猪粪	+	20	43.20a*	16.50	35.48	50.92
		−	33	30.20b	8.814	27.07	33.32
	鸡粪	+	43	34.08b	12.48	30.24	37.92
		−	10	39.49ab	18.19	26.47	52.51
	豆粕	+	25	31.91b	13.58	26.30	37.52
		−	28	37.95a	13.41	32.75	43.15
As	猪粪	+	20	10.38a*	1.878	9.499	11.26
		−	33	9.415b	1.472	8.893	9.937
	鸡粪	+	43	9.834ab	1.710	9.307	10.36
		−	10	9.541ab	1.648	8.362	10.72
	豆粕	+	25	9.276b	1.545	8.638	9.913
		−	28	10.23a	1.707	9.566	10.889
Cd	猪粪	+	20	0.648a	0.727	0.3073	0.9877
		−	33	0.551a	0.408	0.4067	0.6957
	鸡粪	+	43	0.622a	0.593	0.4395	0.8042
		−	10	0.440a	0.224	0.2797	0.6003
	豆粕	+	25	0.540a	0.696	0.3537	0.9287
		−	28	0.641a	0.370	0.3962	0.6831
Pb	猪粪	+	20	17.41a	2.551	16.21	18.60
		−	33	18.39a	5.561	16.41	20.36
	鸡粪	+	43	18.28a	5.116	16.70	19.85
		−	10	16.89a	1.066	16.13	17.66
	豆粕	+	25	17.34a	2.480	16.32	18.37
		−	28	18.62a	5.950	16.31	20.92
Zn	猪粪	+	20	128.0a	40.56	109.0	147.0
		−	33	128.6a	92.63	95.72	161.41
	鸡粪	+	43	129.4a	84.69	103.4	155.5
		−	10	123.7a	21.91	108.0	139.4
	豆粕	+	25	121.6a	37.89	106.0	137.3
		−	28	134.3a	99.86	95.60	173.0

2. 河南商丘设施菜地施肥方式对重金属累积的影响

（1）重金属含量与土壤基本性质间的关系

根据土壤重金属含量与土壤基本性质的相关分析的结果（图7-5），发现土壤总有机碳含量与土壤重金属 Cd、Cu、Pb、Zn 之间显著正相关，其中，Cu、Zn 含量与有机碳含量之间达 $P < 0.01$ 显著相关水平。从土壤速效磷与重金属的相关性来看（图7-6），仅仅 Cd、Cu 含量与土壤速效磷含量间呈显著正相关，且达 $P < 0.01$ 的显著性水平。

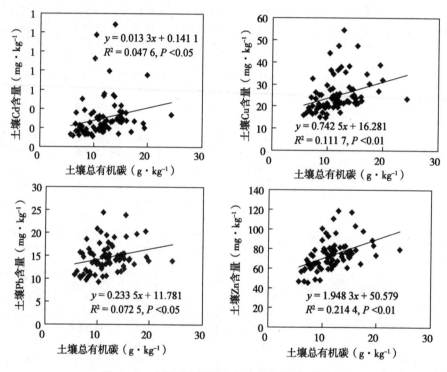

图7-5　土壤总有机碳与重金属含量的相关性

（2）施肥水平与重金属累积的关系

据田间调查结果，从研究区域设施菜地有机肥和化肥的施用水平情况并结合土壤重金属含量的分析结果看（表7-3、图7-7），该区域有机肥施用量的对数与土壤 Cd 含量对数间显著正相关（$P < 0.01$），同样化肥施用量的对数与土壤 Cd 间存在类似的正相关关系（$P < 0.05$），而未发现其他重金属含量与肥料施用量之间存在明显相关关系。

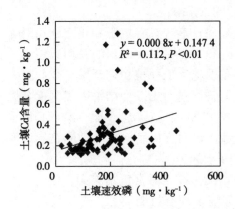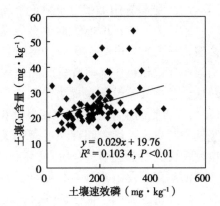

图 7 – 6 土壤速效磷与重金属含量的相关性

表 7 – 3 肥料施用水平与重金属含量间的相关性分析

各重金属含量对数	Log10（有机肥用量/t·hm^{-2}）	Log（化肥用量/t·hm^{-2}）
Log10（As 含量/mg·kg^{-1}）	– 0.433	– 0.219
Log10（Cd 含量/mg·kg^{-1}）	0.363（**）	0.304（*）
Log10（Cr 含量/mg·kg^{-1}）	– 0.061	– 0.001
Log10（Cu 含量/mg·kg^{-1}）	0.203	0.254
Log10（Ni 含量/mg·kg^{-1}）	– 0.336	– 0.060
Log10（Pb 含量/mg·kg^{-1}）	– 0.115	– 0.086
Log10（Zn 含量/mg·kg^{-1}）	0.203	0.145

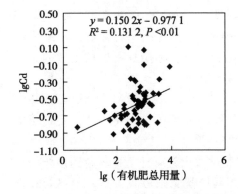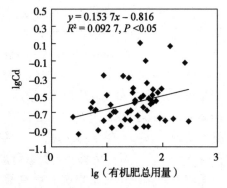

图 7 – 7 重金属 Cd 含量与肥料用量间的关系

（3）肥料施用类型对土壤重金属累积的影响

为了揭示商丘设施菜地重金属的来源，笔者对有机肥和化肥施用对重金属含量的影响进行了研究，将有机肥和化肥在单位面积的平均施用水平与设施年限相乘，可得有机肥和化肥在设施菜地种植初期开始至今的投入总量，并将其与设施菜地重金属含量间进行统计分析。结果表明，重金属 Cd 与有机肥的施用总量间存在显著相关关系（$P < 0.05$），而未发现其他重金属与肥料投入量之间存在显著相关性。说明有机肥的投入可能是导致河南商丘设施菜地土壤重金属 Cd 累积的重要原因。

河南商丘设施菜地有机肥的施用种类多样，通常包括鸡粪、猪粪、人粪尿、豆饼、豆粕、菜籽饼以及鹌鹑粪等多种有机肥类型，根据设施菜地田间施肥调查的实际情况，对有机肥的施用类型对与重金属含量影响进行了研究。结果表明，施用猪粪、鸡粪、人粪尿的设施菜地土壤重金属含量普遍高于不施用这些粪肥的土壤，且施用猪粪和人粪尿的菜地土壤重金属含量普遍高于施用鸡粪的菜地土壤，而施用豆科肥、菜籽饼等植物肥以及鹌鹑粪等其他动物粪肥的菜地土壤重金属含量（除 Cr 外）不仅明显低于施用猪粪、鸡粪、人粪尿的设施菜地土壤，而且低于不施用该类肥的设施菜地土壤。其中，施用人粪尿的土壤中 As、Cd、Cr、Cu、Ni、Pb、Zn 的含量分别为施用豆科植物肥土壤相应重金属含量的 1.18 倍、1.39 倍、1.14 倍、1.21 倍、1.09 倍、1.19 倍和 1.17 倍，即施用豆科肥 d 处理比人粪尿处理的各重金属含量降低了 9.4% ~ 39.1%，而施用猪粪处理的土壤中 As、Cd、Cr、Cu、Ni、Pb、Zn 的含量是施用豆科植物肥土壤相应重金属含量的 1.15 倍、1.59 倍、1.11 倍、1.13 倍、1.09 倍、1.17 倍、1.13 倍，同时施用猪粪处理的各重金属含量比不施用猪粪时增加了 6.1% ~ 13.9%，其中以 Cd 的效果最为明显。而施用豆科植物肥处理的土壤各重金属含量比不施用时降低了 2.1% ~ 33.6%，其中尤以 Cd 最为突出，施用豆科植物肥时的土壤 Cd 含量比不施该肥降低了 33.6%，施用其他粪肥的土壤中重金属含量普遍低于鸡粪、猪粪和人粪尿处理下的含量。对重金属 As 和 Ni 而言，施用猪粪的菜地显著高于不施用猪粪、鸡粪及人粪尿的菜地（$P < 0.05$），且施用猪粪的菜地土壤 Ni 含量亦显著高于施用鹌鹑粪等其他有机肥的菜地土壤（$P < 0.05$）。因而，猪粪、人粪尿可能是导致设施菜地土壤重金属累积的重要原因，而施用豆科植物肥和鹌鹑粪等其他粪肥则可减少猪粪、鸡粪和人粪尿的输入，从而导致重金属的含量相应降低。

有机肥的施用种类对土壤重金属含量影响的统计分析见表 7 - 4。

表7-4 有机肥的施用种类对土壤重金属含量影响的统计分析

重金属	有机肥种类		样本数（个）	均值（g·kg^{-1}）	标准差	95%置信区间 下限（mg·kg^{-1}）	95%置信区间 上限（mg·kg^{-1}）
Cr	鸡粪	+	33	53.06a	7.91	50.26	55.87
		−	44	53.66a	17.17	48.44	58.88
	猪粪	+	17	55.93a	8.60	51.51	60.36
		−	60	52.69a	15.05	48.80	56.58
	人粪尿	+	6	57.50a	9.15	47.90	67.10
		−	71	53.06a	14.22	49.70	56.43
	其他粪肥	+	17	56.05a	24.67	43.36	68.73
		−	60	52.66a	9.01	50.33	54.99
	豆科、植物肥	+	9	50.52a	5.62	46.20	54.85
		−	68	53.79a	14.63	50.25	57.33
Ni	鸡粪	+	33	27.90ab*	4.09	26.45	29.35
		−	44	27.15b	4.31	25.84	28.46
	猪粪	+	17	29.56a	4.84	27.07	32.04
		−	60	26.88b	3.85	25.89	27.88
	人粪尿	+	6	29.38ab	6.60	22.45	36.30
		−	71	27.31b	3.97	26.37	28.25
	其他粪肥	+	17	26.24b	3.11	24.64	27.84
		−	60	27.82ab	4.43	26.68	28.97
	豆科、植物肥	+	9	26.95ab	2.46	25.06	28.84
		−	68	27.54ab	4.39	26.48	28.60
Cu	鸡粪	+	33	24.04a	7.93	21.23	26.86
		−	44	22.09a	5.06	20.55	23.63
	猪粪	+	17	24.22a	8.71	19.74	28.70
		−	60	22.56a	5.73	21.08	24.04
	人粪尿	+	6	25.88a	12.95	12.29	39.47
		−	71	22.68a	5.72	21.32	24.03
	其他粪肥	+	17	20.95a	3.44	19.19	22.72
		−	60	23.49a	7.03	21.67	25.30
	豆科、植物肥	+	9	21.41a	3.92	18.40	24.42
		−	68	23.13a	6.74	21.50	24.76

（续表）

重金属	有机肥种类		样本数（个）	均值（g·kg⁻¹）	标准差	95%置信区间	
						下限（mg·kg⁻¹）	上限（mg·kg⁻¹）
As	鸡粪	+	33	11.71ab*	2.48	10.83	12.59
		−	44	10.68b	2.17	10.02	11.35
	猪粪	+	17	12.29a	3.03	10.73	13.85
		−	60	10.79b	2.03	10.27	11.32
	人粪尿	+	6	12.53ab	4.11	8.22	16.84
		−	71	11.00b	2.15	10.50	11.51
	其他粪肥	+	17	10.76ab	1.72	9.87	11.65
		−	60	11.23ab	2.50	10.58	11.87
	豆科、植物肥	+	9	10.66ab	1.70	9.35	11.96
		−	68	11.18ab	2.43	10.60	11.77
Cd	鸡粪	+	33	0.255a	0.208	0.181	0.329
		−	44	0.249a	0.152	0.203	0.295
	猪粪	+	17	0.277a	0.272	0.137	0.417
		−	60	0.244a	0.141	0.208	0.281
	人粪尿	+	6	0.242a	0.100	0.137	0.347
		−	71	0.252a	0.182	0.209	0.296
	其他粪肥	+	17	0.249a	0.203	0.145	0.353
		−	60	0.252a	0.171	0.208	0.296
	豆科、植物肥	+	9	0.174a	0.062	0.127	0.222
		−	68	0.262a	0.185	0.217	0.306
Pb	鸡粪	+	33	15.82a	3.59	14.54	17.09
		−	44	15.75a	4.63	14.34	17.16
	猪粪	+	17	16.91a	3.88	14.91	18.90
		−	60	15.46a	4.26	14.36	16.56
	人粪尿	+	6	17.13a	4.27	12.65	21.61
		−	71	15.67a	4.20	14.67	16.66
	其他粪肥	+	17	14.31a	2.38	13.09	15.53
		−	60	16.20a	4.51	15.03	17.36
	豆科、植物肥	+	9	14.43a	3.07	12.07	16.80
		−	68	15.96	4.31	14.92	1.04

（续表）

重金属	有机肥种类		样本数（个）	均值（g·kg⁻¹）	标准差	95% 置信区间	
						下限（mg·kg⁻¹）	上限（mg·kg⁻¹）
Zn	鸡粪	+	33	73.90a	15.25	68.49	79.31
		−	44	70.58a	12.62	66.75	74.42
	猪粪	+	17	75.97a	16.09	67.70	84.25
		−	60	70.88a	13.02	67.52	74.24
	人粪尿	+	6	78.18a	23.43	53.59	102.76
		−	71	71.48a	12.82	68.45	74.52
	其他粪肥	+	17	68.22a	8.17	64.02	72.42
		−	60	73.08a	14.91	69.23	76.93
	豆科、植物肥	+	9	67.06a	7.94	60.95	73.16
		−	68	72.66a	14.32	69.19	76.13

注：同列相同字母表示差异不显著，下同

3. 吉林四平设施菜地重金属累积的驱动力分析

（1）设施菜地重金属含量与土壤基本性质的关系

根据对吉林四平设施菜地土壤取样分析情况，进行了其设施菜地重金属含量与土壤基本性质的相关性分析，结果表明，土壤有机碳与所有重金属含量间均呈显著正相关关系（如图 7 - 8 所示），且其相关性均达 $P < 0.05$ 以上的显著性水平，尤其是除 Cd 外的重金属与土壤有机碳间均达 $P < 0.01$ 的显著性正相关水平。而土壤速效磷与土壤 As、Cu、Pb、Zn 含量间亦呈显著正相关关系（$P < 0.05$ 以上）（图 7 - 9）。这种结果表明随着土壤有机碳含量和速效磷的升高，相应的重金属出现不断累积的趋势。由此推测，这可能与设施蔬菜生产过程中农户对农田的肥料等的投入密切相关。

然而，与山东寿光和河南商丘的情况有所区别的是，根据本次对吉林四平研究区域调查的有机肥和化肥的施用水平，寻求其与重金属含量间的相互关系，并未发现肥料施用量与重金属含量间存在明显相关关系。

（2）肥料施用类型对重金属累积的影响

根据对农户问卷调查的结果，结合施肥种类、用量及设施菜地土壤重金属含量进行分析，发现不同有机肥施用类型对重金属含量产生各种不同程度的影响，如表 6.5 所示。

由表 7 - 5 可以看出，在两处理（人粪尿 + 猪粪）以及（人粪尿 + 鸡

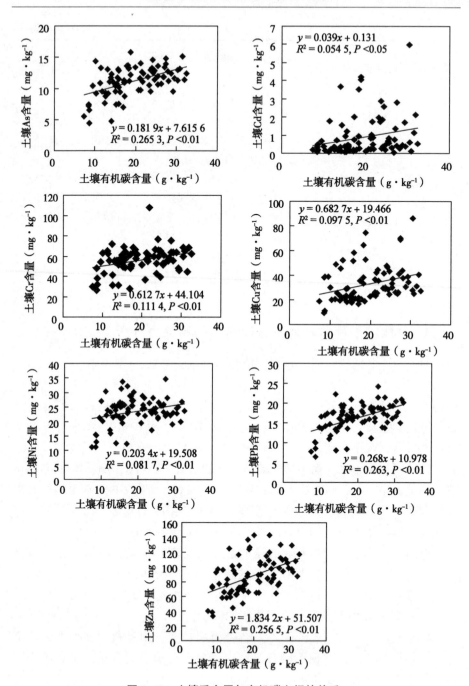

图 7 - 8　土壤重金属与有机碳之间的关系

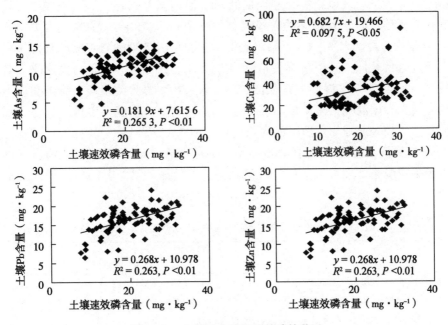

图 7-9　土壤重金属与速效磷的关系

粪）的重金属含量普遍较高，且从各重金属平均含量来看，除 Cr 和 Ni 外，其他重金属 As、Cd、Cu、Pb、Zn 的含量均以猪粪人粪尿配合施用处理最高，且显著高于猪鸡粪秸秆混施处理（$P < 0.05$），其 As 含量分别为纯鸡粪处理、鸡粪人粪尿配合施用处理、猪鸡粪秸秆混施处理 1.21、1.32、1.27 倍，其土壤 Cd、Cu 含量均显著高于纯猪粪、纯鸡粪、猪鸡粪混施、猪鸡粪秸秆处理（$P < 0.05$），其 Cd 含量分别为纯猪粪、纯鸡粪、猪鸡粪混施、猪牛粪混施、鸡牛粪混施、猪鸡粪秸秆处理的 2.78、3.13、2.15、3.13、1.56、2.82 倍，其 Cu 含量分别为纯鸡粪、猪鸡粪混施、猪牛粪混施、鸡牛粪混施、猪鸡粪秸秆处理的 1.88 倍、1.25 倍、1.65 倍、1.59 倍和 1.53 倍，且猪粪人粪尿配合施用处理的土壤 Cu 含量显著高于猪牛粪混施处理（$P < 0.05$），Cr 和 Ni 含量以鸡粪人粪尿混施处理最高。

　　若将纯猪粪和纯鸡粪两处理进行比较，发现 As、Cd、Pb、Cu 和 Zn 的含量均以纯猪粪处理较高，而 Cr、Ni 则以纯鸡粪处理的含量较高，且纯猪粪处理的重金属 Cu 和 Zn 含量显著高于施用鸡粪的处理（$P < 0.05$），其 Cu、Zn 含量分别为纯鸡粪处理的 1.88 倍、1.34 倍，而纯猪粪处理的设施菜地土壤中多数重金属（除 Zn 外）含量与猪鸡粪混施处理间无显著差异。

Cd 和 Cu 含量均以单施鸡粪处理最低。Cr 以纯猪粪处理、鸡牛粪混施处理和猪鸡粪秸秆混施处理下的含量较低，其中猪鸡粪秸秆混施处理下的 Cr、Ni 含量均为最低水平。Pb 以猪鸡粪混施、鸡牛粪处理和猪鸡粪秸秆混施处理下的含量较低，其中猪鸡粪秸秆混施处理下的含量亦处于最低水平，其 Pb 含量比猪人粪尿混施处理低 23.2%。对 Zn 而言，纯猪粪、鸡人粪尿混施、猪人粪尿混施处理下的含量显著高于纯鸡粪、猪鸡粪混施、鸡牛粪混施及猪鸡粪等混施的处理下的含量（$P < 0.05$），而以鸡牛粪混施处理下的 Zn 含量最低，其 Zn 含量显著低于猪人粪尿混施处理的 27.6%；As 含量亦以鸡牛粪混施处理最低。这种现象表明，人粪尿、猪粪等的施用可能是造成研究区域设施菜地土壤重金属累积的重要原因。

表 7-5   四平市设施菜地不同施肥方式下土壤重金属含量   （mg·kg^{-1}）

处理	样本数	As	Cd	Cr	Cu	Ni	Pb	Zn
I	9	10.6 ± 2.27ab *	0.72 ± 0.40b	52.3 ± 7.89b	44.7 ± 9.67b	22.5 ± 5.02ab	16.4 ± 3.01ab	103.3 ± 22.25a
II	14	9.96 ± 1.32ab	0.64 ± 1.01b	54.9 ± 6.83ab	24.7 ± 7.27c	23.9 ± 3.34a	16.3 ± 2.71ab	79.6 ± 11.99b
III	21	10.8 ± 2.93ab	0.93 ± 1.19b	55.7 ± 16.83ab	37.0 ± 17.7b	22.7 ± 5.16a	15.7 ± 3.36b	85.1 ± 26.21b
IV	5	11.8 ± 1.36ab	0.65 ± 0.47ab	54.9 ± 9.44ab	28.1 ± 3.12c	24.1 ± 4.41a	17.5 ± 1.84ab	84.9 ± 18.0ab
V	4	9.20 ± 2.89ab	1.28 ± 1.2 ab	49.2 ± 7.53 b	29.2 ± 9.1 abc	22.0 ± 4.20ab	14.9 ± 2.66b	77.1 ± 8.02b
VI	7	11.7 ± 1.38ab	1.14 ± 1.00ab	65.0 ± 4.71a	34.1 ± 9.56abc	24.6 ± 2.12a	19.1 ± 1.49a	104.7 ± 12.6a
VII	6	12.1 ± 0.83a	2.00 ± 2.44a	56.4 ± 5.16ab	46.4 ± 26.4a	23.3 ± 3.27ab	19.4 ± 3.01a	106.5 ± 18.8a
VIII	9	9.53 ± 3.17b	0.71 ± 0.61b	47.7 ± 13.9b	30.4 ± 13.41c	19.1 ± 5.66 b	14.6 ± 4.93b	82.4 ± 27.8b
总体	75	10.6 ± 2.37	0.93 ± 1.14	54.7 ± 11.9	34.3 ± 15.2	22.7 ± 4.54	16.4 ± 3.37	89.0 ± 22.6

注：I. 纯猪粪；II. 纯鸡粪；III. 猪、鸡粪混施；IV. 猪、牛粪混施；V. 鸡、牛粪混施；VI. 鸡粪、人粪尿混施；VII. 猪粪、人粪尿混施．VIII. 猪、鸡粪、秸秆等混施。

三、设施菜地投入品中重金属含量状况

为了全面了解设施菜地重金属的来源，在本研究中重点对河南商丘及吉林四平的设施菜地农用物资包括有机肥、化肥、农药等进行了溯源调查，如表 7-6 所示。研究结果表明：河南商丘猪粪中重金属 Cu、Cd 和 Zn 的平均含量远远高于鸡粪，猪粪中 Cu、Cd 和 Zn 含量分别为鸡粪的 7.39、4.06 和 2.85 倍，尤其是猪粪中 Cd 的最高含量达 2.53mg·kg^{-1}，而鸡粪中的 Cd 含量较低，其平均含量为 0.32mg·kg^{-1}，豆科肥料黄豆饼的各重金属含量远

低于猪粪和鸡粪中的含量，其 Cd 含量未检出，其 Cr、Ni、Cu、As、Pb 含量仅为猪粪的 17.5%、36.6%、5.2%、12.9%、21.1%，分别为鸡粪的 9.9%、27.4%、38.3%、7.9% 和 17.9%。而四平的猪粪当中 Cu 和 Zn 的含量亦相当高，其含量远高于当地鸡粪中相应的含量。从三种农药的测定结果来看，各农药均含有一定程度的重金属，其中代森锰锌的 Ni、Cd 和 Zn 的含量较高，分别为 300.7mg·kg^{-1}、1.84mg·kg^{-1} 和 16 913mg·kg^{-1}。从农民广泛使用的撒可富复合肥的检测结果表明，除腐殖酸性复合肥中含有一定的 Cd 外，其他复合肥均未有 Cd 的检出。

表 7-6 设施菜地农用投入品的重金属含量 （mg·kg^{-1}）

地区	肥料类别	Cr	Ni	Cu	As	Cd	Pb	Zn
	猪粪 I	11.08	9.64	432.9	10.47	0.08	10.01	547.3
	猪粪 II	16.86	11.20	306.8	11.77	2.53	6.54	501.4
	平均	13.97	10.42	369.86	11.12	1.31	8.28	524.35
	人粪	15.77	13.07	46.31	4.14	0.59	7.96	199.8
	鸡粪 I	30.03	17.84	29.31	6.32	0.23	17.82	83.9
	鸡粪 II	41.93	15.75	87.79	6.65	0.37	12.08	227.2
	鸡粪 III	25.84	17.03	81.25	50.17	0.09	9.52	384.1
	鸡粪 IV	9.50	5.84	5.52	23.35	ND	1.53	23.7
	平均	24.62	13.91	50.04	18.12	0.32	9.78	183.73
商丘	阿达康有机生态肥	7.86	4.27	2.75	2.67	ND	5.07	23.6
	黄豆饼	2.44	3.81	19.15	1.43	ND	1.75	58.2
	神农丹农药	27.00	16.46	13.04	5.41	ND	9.68	220.5
	三乙磷酸铝农药	24.16	2.08	2.50	6.77	ND	1.09	23.7
	代森锰锌农药	2.73	300.7	4.34	0.68	1.84	5.17	1 6913.0
	芭田复合肥	12.60	3.95	15.5	3.56	29.81	4.15	290.1
	撒克富复合肥（含腐殖酸）	24.59	16.04	6.29	19.32	0.38	2.93	118.6
	撒克富复合肥（蔬菜专用）	8.39	1.94	3.26	2.57	ND	0.26	934.0
	艾格瑞复合肥	9.99	4.03	0.73	0.46	ND	0.74	5.84
	磷酸二氢	37.29	19.55	13.8	54.64	1.44	6.47	363.2
	磷酸二氢钾（USA）	2.46	1.17	0.72	0.02	ND	1.19	5.19
	磷酸二氢钾	5.17	1.67	0.90	ND	ND	ND	12.69
	尿素	2.05	0.57	0.57	ND	ND	ND	5.9

（续表）

地区	肥料类别	Cr	Ni	Cu	As	Cd	Pb	Zn
四平	猪粪	28.79	17.91	337.97	32.63	1.791	11.04	528.86
	鸡粪	37.55	16.72	57.94	9.44	0.412	13.04	481.69
	牛羊粪	28.73	17.23	35.60	5.62	0.301	13.45	167.38
	复合肥	20.14	14.23	54.59	12.87	6.255	6.41	255.31
	氮肥	0.49	0.44	—		—		—
德国腐熟堆肥中重金属最高限量值（mg·kg^{-1}）		100	20	100	—	1.5	150	400
城镇垃圾农用控制标准 GB 8172—87		300	—	—	30	3	100	—
有机肥料行业标准 NY 525—2012		150	—		15	3	50	

注：ND 代表未检出；"—"代表无相应的值。

若以城镇垃圾农用控制标准标准（GB 18877—2002）对重金属 Cr（300mg·kg^{-1}）、Pb（100mg·kg^{-1}）、Cd（3mg·kg^{-1}）、As（30mg·kg^{-1}）的限量值为依据，本研究中所有有机肥均未超标，而复合肥中以芭田复合肥 Cd 超标最为严重，其 Cd 含量为标准的 9.6 倍，磷酸氢二铵出现了 As 超标现象，其 Cd 含量亦达 1.44mg·kg^{-1}，化肥中除含腐殖酸的撒可富复合肥含较低量的 Cd、芭田复合肥含高量 Cd 以及磷酸氢二铵含少量的 Cd 外，其他化肥中 Cd 均未检出，但所有化肥中均含有一定程度的其他重金属。若以现行的 NY 525—2012 有机肥料行业标准为基础，则磷酸氢二铵的 As 超标更为严重，猪粪、鸡粪均存在一定超标现象。

尽管世界各国对畜禽粪便等有机废弃物中的重金属的限量标准不一，我国的行业标准也相对宽松，尤其是对 Cu、Zn 的含量无限量规定。但欧洲一些国家如比利时、荷兰和德国对堆肥中重金属有较为严格的限量，参考德国腐熟堆肥中部分重金属限量标准若以德国腐熟堆肥中部分重金属限量标准（Verdonck et al，1998）中为基础进行评价，则所有猪粪样品 Zn、Cu、Cr、Pb、Cd、Ni 的超标率分别为 100%、100%、0、0、33.3%、33.3%，鸡粪则未发现重金属的超标现象，其中尤以四平和商丘的猪粪中 Cu、Zn 的超标现象最为严重，其中四平的猪粪 Cu 超标 9 倍，Zn 超标 1.1 倍，而商丘的猪粪 Cu 超标 2.7 倍，Zn 超标 0.3 倍，四平的猪粪中 Cu、Zn 含量远远高于商丘，这可能是导致四平设施菜地的 Cu、Zn 累积程度高于商丘的重要原因之一。从人粪的情况看，商丘的人粪中多数重金属含量普遍低于猪粪，但由于缺乏对四平地区人粪取样的调查结果，若以商丘的为参照，则发现其人粪中 Cd 含量高于四平地区猪粪、鸡粪中的 Cd 含量。因而，在同样的施肥水平下，人粪中相对高含量的 Cd 可能会直接导致四平地区施用人粪的设施菜地土壤 Cd 含量高于猪、鸡粪施肥类型．而其他重金属多以猪粪中的含量较高，这也与四平市施用猪粪的设施菜地土壤中重金属含量普遍会高于其他施肥类型的现象比较吻合。Drechsel 和 Kunze（2001）研究指出，不同有机废弃物中，污泥和猪粪中的重金属含量高于其他来源的废弃物如牛粪和堆肥，本研究对有机肥的测定结果与 Drechsel and Kunze 的研究结果有类似之处。另据周正敏等（1997）对 532 名 18～55 岁非镉接触正常人尿镉值的调查结果，发现尿中镉的几何均值为 $2.25\mu g \cdot L^{-1}$，研究区域内 95% 上限为 $4.687\mu g \cdot L^{-1}$，缪其宏（1991）研究了接触铅的工人尿中铅、镉和锌的浓度，结果发现尿中铅浓度可达 $270\mu g \cdot L^{-1}$，由此看来，人粪尿中往往含有一定程度的重金属，施用人粪尿与施用猪粪类似，其可能也是当地设施菜地重金属累积的重要原因。

此外，通过对山东寿光、河南商丘和吉林四平的设施菜地灌溉用水（地下水）的取样分析，均未发现有重金属的检出。根据现场调查发现，设施菜地是相对封闭而独立的系统，由于薄膜长期覆盖导致污染物通过大气沉降作用进入菜地系统的可能性较小。由此看来，三个典型区域设施菜地土壤重金属累积的驱动力主要与农用投入品的输入密切相关，包括有机肥、化肥和农药的输入，其中猪粪、鸡粪等畜禽粪便和人粪尿、复合肥等可能是研究区域内设施菜地重金属累积的主要驱动因子。

四、畜禽粪便等有机肥中重金属含量超标问题

随着农业和畜牧业的迅速发展，农业废弃物和畜禽粪便等的成分发生了很大变化，根据刘荣乐等（2005）研究结果，当前部分有机废弃物中的重金属含量与 20 世纪 90 年代初相比，由于饲料添加剂用量增加等原因导致部分重金属含量增加明显，在鸡粪和猪粪中 Zn、Cu、Cr、Cd、As 等增加较多，牛粪中 Zn、Cu、As 含量亦有增加，堆肥中 Zn、Cu、Cr 含量增加了 2～4 倍，同时，作物秸秆等有机废弃物中所有重金属的含量均有所增加（刘荣乐等，2005）。畜禽粪便等有机废弃物是生产有机肥料的重要有机物料来源，直接影响到有机肥料的品质，且有机废弃物常以有机肥的形式直接用于农业生产，因此，有机物料中有毒有害物质如重金属含量直接影响农产品的安全生产。近年来，国外有机肥料产品已瞄准并开始进入我国市场。目前，许多国家尤其是发达国家对有机肥料的生产和使用有严格的质量安

全管理、标准和监督体系，而我国目前对有机肥的生产和使用的管理还很薄弱，对其中的有毒有害物质限量标准中的指标不全，很长一段时期都参考我国对城镇垃圾和污泥的农用标准。另外，一些标准缺少长期定位研究结果的支持，并缺少对施用年限和年施用量的规定。虽然施用畜禽粪便时，其中的重金属可能不会影响当季作物的质量安全，但因为重金属具有累积的特点，长期施用会在土壤中积累而具有超过土壤环境质量标准（GB 15618—1995）的风险。

五、肥料施用对设施菜地重金属累积的贡献

通过对山东寿光、河南商丘和吉林四平三个典型区域设施菜地重金属含量的调研结果来看，肥料尤其是有机肥的施用是导致设施菜地土壤重金属累积的重要原因。国内外已有大量的研究结果表明了有机肥和化肥的大量施用会导致重金属的累积及潜在的生态环境风险。刘树堂等（2005）研究了25年的长期定位施肥对非石灰性潮土重金属状况的影响，结果表明长期施肥的土壤 Fe、Mn、Cu、Zn 的含量均高于试验前的土壤，其中 Cu 和 Zn 的富集量分别高出131%和130%，而长期施用过磷酸钙和氯化钾肥料，土壤 Cd 富集量高出试验前的340%～3862%，造成了明显的重金属的累积。陈芳等（2005）通过长期肥料定位试验研究了土壤中重金属的含量变化，结果表明随着耕作年限的增长，试验区土壤中 As、Hg、Cd、Pb 的含量总体呈现上升趋势，而且强调施肥尤其是磷肥的施用是导致其重金属含量升高的主要原因，还有许多类似的研究均证明了肥料施用带来的重金属的累积风险问题（李恋卿等，2002；郭胜利等，2003）。根据前述结果，将三个区域设施菜地重金属平均含量与其所在省份的土壤背景值相比，发现重金属 Cd 的累积超标问题最为突出，根据寿光、商丘、四平三个区域的重金属含量超出其土壤背景值的情况，其中 Cd 含量分别超出555%、303%、801%，Cu 超出41%、27%、95%，Zn 超出96%、22%、10%，As 超出3%、0、30%，Ni 超出13%、0、6%，Cr 只在四平地区有轻微超标，而在寿光和商丘地区均未超出背景值，Pb 在三个区域设施菜地中平均含量均低于土壤背景值，说明设施菜地基本未发生 Pb 的累积问题，在所有金属元素中，各区域以 Cd 的累积问题最为严重。

从寿光、商丘和四平三个典型区域设施菜地土壤重金属累积的情况看，均以 Cd 的累积问题最为突出，因而其累积过程值得深入探讨。上述 3 个区

域的研究结果均已表明，有机肥和化肥的大量施用可能是导致设施菜地重金属累积的重要原因。根据各区域的田间调查结果，寿光、商丘和四平的有机肥平均施用水平分别为 $207.2t \cdot hm^{-2} \cdot a^{-1}$、$97.5t \cdot hm^{-2} \cdot a^{-1}$、$114.7t \cdot hm^{-2} \cdot a^{-1}$，最高用量分别为 $493.8t \cdot hm^{-2} \cdot a^{-1}$、$357.1t \cdot hm^{-2} \cdot a^{-1}$、$510t \cdot hm^{-2} \cdot a^{-1}$ 化肥平均施用水平寿光为 $10.6t \cdot hm^{-2} \cdot a^{-1}$、商丘为 $6.3t \cdot hm^{-2} \cdot a^{-1}$、四平为 $5.06t \cdot hm^{-2} \cdot a^{-1}$。根据本次对商丘和四平设施大棚所施用肥料重金属含量的调查结果，有机肥以猪粪、鸡粪、人粪、豆饼等构成的平均 Cd 含量 $0.43mg \cdot kg^{-1}$ 计算，化肥以商丘含腐殖酸的撒克富复合肥 Cd 含量为 $0.38mg \cdot kg^{-1}$ 计算，则山东寿光、河南商丘、吉林四平三个典型区域每年因有机肥施用导致的 Cd 输入量分别为 $89.3g \cdot hm^{-2} \cdot a^{-1}$、$42.0g \cdot hm^{-2} \cdot a^{-1}$、$49.4g \cdot hm^{-2} \cdot a^{-1}$，因化肥施用导致的输入 Cd 量分别为 $4.0g \cdot hm^{-2} \cdot a^{-1}$、$2.4g \cdot hm^{-2} \cdot a^{-1}$、$1.9g \cdot hm^{-2} \cdot a^{-1}$，若考虑复合肥严重超标的情况，以所有被检测化肥的平均 Cd 含量 $3.95mg \cdot kg^{-1}$ 计算，则寿光、商丘、四平因化肥施用导致的 Cd 输入量大大增加，其输入量分别高达 $41.9g \cdot hm^{-2} \cdot a^{-1}$、$24.9g \cdot hm^{-2} \cdot a^{-1}$、$20.0g \cdot hm^{-2} \cdot a^{-1}$，但仍低于有机肥施用导致的 Cd 输入量，这进一步表明了有机肥投入对土壤 Cd 累积的贡献远大于化肥施用对土壤 Cd 累积的贡献值。

由此可见，山东寿光、河南商丘、吉林四平每年因肥料施用导致的 Cd 输入量平均为 $93.3g \cdot hm^{-2} \cdot a^{-1}$、$44.4g \cdot hm^{-2} \cdot a^{-1}$、$54.4g \cdot hm^{-2} \cdot a^{-1}$。若以土壤容重 $1.25g \cdot cm^{-3}$、土壤深度为 150mm 计算，则山东寿光、河南商丘、吉林四平每年因肥料投入导致土壤 Cd 含量升高的值分别为 $0.0498mg \cdot kg^{-1} \cdot a^{-1}$、$0.0237mg \cdot kg^{-1} \cdot a^{-1}$、$0.0274mg \cdot kg^{-1} \cdot a^{-1}$，而实际上寿光、商丘、四平的设施菜地土壤每年 Cd 的累积速率分别为 $0.033mg \cdot kg^{-1} \cdot a^{-1}$、$0.0073mg \cdot kg^{-1} \cdot a^{-1}$、$0.0168mg \cdot kg^{-1} \cdot a^{-1}$。在此不难看出，通过肥料输入的 Cd 与土壤实际累积的 Cd 含量之间存在差异，这种输入输出总量的不平衡可能与 Cd 通过作物收获（Gray *et al*，2003）、土壤淋洗下渗（Taylor，Griffin，1981；Jeng，Singh，1995）等过程从农田土壤带走有关。

因而，开展有机肥尤其是畜禽粪便安全控制标准的研究，并对有机肥的合理施用技术以及长期施用有机肥料对土壤中重金属的累积影响机理进行深入探讨，利于正确评价有机肥料的安全风险，对规范和指导商品化有机肥料的安全生产，以及采取适当的技术措施控制设施菜地土壤重金属的累积，对发展无公害、绿色以及标准化蔬菜生产至关重要，是保障从农田到餐桌的全过程监控的技术保障。同时，在养殖行业需建立从源头控制的理念，在畜牧养殖的政策法规和饲料检验方面加强管理，建立合理科学的饲料营养、添加剂的生产、销售和使用体系，减少养殖业带来的土壤生态环境风险，也是当前畜禽饲养行业必须面临的突出问题。

小　结

通过本章对山东寿光、河南商丘和吉林四平三个典型区域重金属的来源分析，探讨了重金属含量与土壤施肥类型及用量间的关系，得到的主要规律如下。

（1）山东寿光土壤总有机碳与 Cd、Cu、Zn 含量间显著正相关（$P < 0.05$），土壤速效磷与 Cd、Cr、Cu、Zn 之间亦呈显著相关关系（$P < 0.01$），进一步的分析表明土壤重金属 Cd、Cr、Cu、Pb、Zn 含量与有机肥施用量间呈显著对数正相关，且 Cd 和 Zn 含量与化肥施用量值间呈显著对数正相关；同时发现施用猪粪的土壤中除 Pb、Zn 外的其他 5 种重金属的含量均高于鸡粪和豆粕处理以及不施用猪粪、鸡粪的处理，其中尤以 Cu 和 As 表现突出，而施用豆粕的土壤中所有重金属的含量均低于施用猪粪和鸡粪的处理。

（2）河南商丘土壤总有机碳含量与土壤重金属 Cd、Cu、Pb、Zn 之间显著正相关（$P < 0.05$ 以上），土壤速效磷与 Cd、Cu 含量含量间呈显著正相关（$P < 0.01$）；同时发现所有重金属中，仅 Cd 含量与有机肥、化肥施用量间存在显著对数值正相关关系（$P < 0.05$ 以上），未发现其他重金属含量与肥料施用量之间存在明显相关关系；施用猪粪、鸡粪、人粪尿的设施菜地土壤重金属含量普遍高于不施用这些粪肥的土壤，且施用猪粪、人粪尿的菜地土壤中重金属含量多高于施用鸡粪的菜地土壤，而施用豆科肥、菜籽饼等植物肥、鹌鹑粪等其他动物粪肥的设施菜地土壤中所有重金属（除 Cr 外）含量均低于施用猪粪、鸡粪、人粪尿的土壤。

（3）吉林四平土壤有机碳与所有重金属含量间均呈显著正相关关系，且其均达 $P < 0.05$ 以上显著性水平，其中，Cd 与土壤有机碳间达 $P < 0.01$ 的显著性正相关水平；土壤速效磷与土壤 As、Cu、Pb、Zn 含量间亦呈显著正相关关系（$P < 0.05$ 以上）；比较各种不同类型有机肥施用类型对重金属累积的影响时，发现猪粪人粪尿配合施用处理的土壤中所有重金属（除 Cr 和 Ni 外）含量均为最高，Cr 和 Ni 含量以鸡粪人粪尿混施处理最高，而纯猪粪处理下的土壤 As、Cd、Pb、Cu 和 Zn 含量均高于纯鸡粪处理，且以纯

猪粪处理较高，Cd、Cu 含量以纯鸡粪处理低，Cr、Ni、Pb 含量均在猪鸡粪秸秆混施处理下最低，As 和 Zn 的含量以鸡牛粪处理最低．人粪尿、猪粪、鸡粪是四平设施菜地重金属的重要来源。

（4）通过计算因肥料投入对重金属 Cd 累积的贡献，得出山东寿光、河南商丘、吉林四平每年因有机肥和化肥的投入导致当地设施菜地土壤中 Cd 含量分别增加 $0.049\,8mg \cdot kg^{-1} \cdot a^{-1}$、$0.023\,7mg \cdot kg^{-1} \cdot a^{-1}$、$0.027\,4mg \cdot kg^{-1} \cdot a^{-1}$，其中有机肥输入量分别为 $89.3g \cdot hm^{-2} \cdot a^{-1}$、$42.0g \cdot hm^{-2} \cdot a^{-1}$、$49.4g \cdot hm^{-2} \cdot a^{-1}$，化肥的输入量分别为 $4.0g \cdot hm^{-2} \cdot a^{-1}$、$2.4g \cdot hm^{-2} \cdot a^{-1}$、$1.9g \cdot hm^{-2} \cdot a^{-1}$，有机肥造成的 Cd 输入量远远高于化肥施用带入农田的 Cd 输入总量。

第八章　设施菜地重金属的平衡估算

随着中国城市化、工业化进程的加快，我国的农田土壤重金属问题正成为困扰我国农业可持续发展和土地资源可持续利用的重大环境问题。设施菜地是一类重要的农田生态系统，具备普通农田生态系统的共性，却不同于传统意义上的农田系统。随着工业和城市污染的加剧以及农用化学物质种类、数量的增加，各种重金属元素通过大气沉降、施肥措施和农田灌溉等途径进入农田生态系统的数量也在逐年增加，尤其是近 30 多年来，我国农田重金属污染面积和污染程度均有加重趋势（杨科璧，2007），相关资料已表明，我国已有超过 $1 \times 10^7 hm^2$ 的农业用地受到了不同程度的污染，土壤污染使得我国粮食减产量多达 $1.3 \times 10^{10} kg$。随着现代设施栽培技术的普及，大规模推广设施栽培农业已成为现代集约化农业发展的趋势，设施菜地的环境问题正日益凸显，已成为继以往关注较多的工矿区/污灌区菜地之后又一类值得关注的菜地类型（曾希柏，2007），其重金属的累积趋势已不断引起业内人士重视。

众所周知，重金属元素向农田生态系统的输入不仅会降低土壤肥力、导致作物减产、品质下降，还可通过食物链传递作用进入人体，危害人类的生存健康。目前，对农田土壤中重金属的研究多以农田土壤和农作物重金属污染评价及土壤与农作物重金属积累之间的关系研究为主（黄治平等，2008；郭朝晖等，2008；龙安华等，2006），有关农田系统中重金属流及其平衡的研究很少（徐勇贤等，2008）。然而，对农田系统中重金属的输入、输出的途径及各途径的量化分析，能准确地了解系统中重金属累积及平衡情况，是农田土壤重金属元素的积累预测分析及农田生态风险和农业可持续发展的评估所必须的。已有研究关注过普通菜地和水稻田生产系统，而对设施菜地这类特殊系统的相关研究甚为缺乏，开展设施菜地生态系统中重金属平衡的研究具有重大的现实意义，预期研究结果可为农产品的安全生产和产地环境安全建设提供科学依据。

鉴于此，以甘肃武威长期定位试验为基础，探讨设施菜地不同施肥制度下的土壤重金属累积规律，该试验从 2007 年 11 月建棚开始，按照不同的施肥和种植模式安排小区试验，整个试验共划分 15 个小区，各小区随机分布，每个小区（长×宽 = 3.65m×7.5m）面积 27m²，肥料分为底肥和追肥多次施入，至 2009 年 12 月结束，各大棚每年种植蔬菜 2 茬，即前茬（1—7月）种植西红柿，后茬（8—12 月）种植黄瓜。试验设置为①CK ②NPK③1/2MNPK④MNPK⑤M 共 5 个处理，每个处理 3 次重复，其中处理②为施用尿素、过磷酸钙、磷酸二铵、硫酸钾的处理，氮磷钾等养分的施用量按照配方施肥方案确定；处理④为按照当地农民施肥习惯经平均后确定的肥料施用量，并根据其养分含量进行折算，有机肥（猪粪和牛粪）的用量亦参照当地农民习惯施用；处理③为在处理④的基础上将有机肥和化肥的用量均按减半施用，其养分施用量大体与 NPK 处理一致；处理⑤单施有机肥，主要包括猪粪和牛粪，其用量按养分总量大体与 1/2MNPK 处理持平折算。在 2008 年 1 月—2009 年 12 月底整个试验期间，不同时间不同处理的施肥种类和用量如表 8-1 所示，其中猪粪和牛粪的施用量以鲜质量计，对应的通过肥料换算为养分的施用水平见表 8-2。

表 8-1　不同处理下的肥料施用种类及用量情况　　　（g·小区⁻¹）

不同处理	施肥种类	不同时间的施用量			
		2008 年 1—7 月	2008 年 8—12 月	2009 年 2—6 月	2009 年 9—12 月
CK	—	—	—	—	—
NPK	尿素	2 860	2 960	2 275	2 310
	过磷酸钙	6 070	6 070	0	6 070
	磷酸二铵	3 100	3 900	4 550	2 600
	硫酸钾	3 160	3 160	2 275	2 510
1/2MNPK	尿素	1 105	1 105	600	805
	过磷酸钙	3 035	3 035	—	3 040
	磷酸二铵	1 010	1 300	1300	650
	硫酸钾	1 200	1 200	600	630
	猪粪	125 000	120 000	30 000	120 000
	牛粪	100 000	100 000	100 000	100 000
MNPK	尿素	2 860	2 310	1 300	1 660
	过磷酸钙	6 070	6 070	—	6 070
	磷酸二铵	2 600	2 600	2 600	1 300
	硫酸钾	2 510	2 510	1 300	1 860
	猪粪	250 000	240 000	60 000	240 000
	牛粪	200 000	200 000	—	200 000
M	猪粪	200 000	200 000	20 000	200 000
	牛粪	200 000	200 000	—	200 000

表 8 – 2　不同处理下不同时期肥料养分施用状况　　（g·小区$^{-1}$）

不同处理	施肥种类	不同时间的施用量			
		2008 年 1— 7 月	2008 年 8— 12 月	2009 年 2— 6 月	2009 年 9— 12 月
CK	—	—			
NPK	N	1 875	1 797	1 866	1 531
	P_2O_5	2 397	2 466	2 093	2 167
	K_2O	1 580	1 418	1 138	1 255
1/2MNPK	N	1 762	1 607	678	1 479
	P_2O_5	1 909	1 736	736	1 587
	K_2O	1 298	1 201	429	1 126
MNPK	N	3 824	3 248	1 402	2 982
	P_2O_5	3 817	3 471	1 472	3 173
	K_2O	2 650	2 445	908	2 282
M	N	1 760	1 760	112	1 760
	P_2O_5	1 420	1 420	92	1 420
	K_2O	1 180	1 180	86	1 180

　　田间管理：在 2007 年 11 月到 2009 年 12 月间，通过与种植农户合作，详细记录了这一年内蔬菜生产过程中各种活动的时间（播种、耕作、施肥、灌溉、收获等）、各种物资的输入（包括各种肥料、灌溉水）和输出（收获的蔬菜、带出田块的秸秆等）量。记录表格由科研人员设计，分发给承租大鹏试验的农户。在每季作物种植过程及作物生长期间，相关农户根据田间活动情况记录相关信息，研究人员进行定期检查，发现问题及时校正，尽量使农民的农事活动记录得完善和规范。蔬菜收获季节，农户从试验地中收获的蔬菜每次进行称重和测产，在每季作物成熟至收获时，由研究人员在田间进行丢弃秸秆及地上部生物量的估算。

　　样品采集与分析：在建棚之初和每季作物成熟收获时，分别采取土壤样本和作物。在试验进行过程中，对农民施用的各种肥料（有机肥和化肥）、灌溉水、蔬菜样（被移出田块的秸秆、作物可食部分）进行采集。土壤样本的采集用不锈钢园艺铲进行，即在每块田地采集 5 个分样本混合缩分为 1 个样本，采样时每个小区均采用梅花五点法布点，最终每个混合表层土壤样本土量 1kg 左右，除 0 ~ 20cm 的表层土壤外，同时沿着土壤剖面采集下层样本，即在 20～100cm 的土壤深度分层（20～40cm、40～60cm、60～100cm）采集。肥料样品为农户施用前采集，植物样品为每季蔬菜收获前采集，在每个小区采取 7～8 处混合获得该小区的可食部分和秸秆植物样，混合后带回室内分析。

土壤样本采集后于实验室自然风干，去掉植物残体、石块、砂子等后，用玛瑙研钵磨细分别过 60 目和 100 目尼龙筛，贮存备用。化肥样品被磨碎至 100 目备用，有机肥被带回实验室后，随即称量鲜重，风干后称量其干重，计算含水量，然后磨碎至 100 目备用。植物样品带回实验室后首先称量鲜重，用自来水冲洗 2 次再用去离子水冲洗 1 次，晾干附着的水份，然后在 70℃烘箱内通风烘干备用。土壤和肥料样品的分析采用 H_2O_2 – HNO_3 消煮，植物样采用硝酸—高氯酸消化法，土壤、肥料及植物消煮液中重金属 As、Cd、Cu、Zn、Cr、Ni、Pb 的测定，采用 ICP – MS 方法分析即可。在整个试验过程中均采用国家标准物质（土壤、植物标准样本）进行全程质量控制，试验误差均在允许范围内。

数据处理和统计分析：元素的输入量及输出量按照以下公式计算（徐勇贤，2008）。

$$Q = \sum_{i=1}^{n} M_i \cdot C_i$$

式中：Q 为输入或输出元素总量；n 为施肥、灌溉或蔬菜收获等种植管理次数；M 为施肥、灌溉，或蔬菜收获的量；c 为肥料、灌溉水或蔬菜中重金属的含量。田块土壤中元素的平衡为元素输入总量与输出总量之差。

一、蔬菜试验地概况

通过对试验地土壤基本性质和重金属含量的分析，其基本情况见表 8 – 3。根据表层土壤 pH 值为 7.55，对照国家土壤环境质量 II 级标准（GB15618—1995）（As≤25mg·kg^{-1}、Cd≤1.0mg·kg^{-1}、Cu≤100mg·kg^{-1}、Zn≤300mg·kg^{-1}、Cr≤250mg·kg^{-1}、Ni≤60mg·kg^{-1}、Pb≤350mmg·kg^{-1}），则各重金属含量均明显低于相应标准值，在国家土壤环境标准允许范围内，且随着土壤剖面深度的增加，重金属含量均有不同程度的降低趋势。因而，该试验基地的土壤环境质量状况良好，可作为理想的蔬菜生产基地。

表 8 - 3　蔬菜试验地土壤基本性质及重金属含量　　　（mg·kg^{-1}）

土壤深度（cm）	pH	有机碳（g·k g^{-1}）	As	Cd	Cu	Zn	Cr	Ni	Pb
0 ~ 20	7.55	18.73	13.63	0.170	21.39	71.55	52.50	26.94	21.49
20 ~ 40	7.93	8.67	12.95	0.149	20.26	64.16	49.20	24.79	21.35
40 ~ 60	8.00	8.77	12.87	0.130	19.38	68.50	50.47	25.93	20.33
60 ~ 80	8.13	6.20	12.26	0.139	18.37	59.49	50.43	24.91	19.17
80 ~ 100	8.10	6.05	12.42	0.130	18.38	70.50	48.48	23.93	19.18

二、设施菜地重金属的输入

从土壤重金属的输入途径看，通常可通过大气沉降、农业水灌溉、肥料施用等过程。但对于设施菜地这类相对封闭的系统来说，常年处于塑料薄膜覆盖状态，因而大气沉降可以忽略。而在农业灌溉用水上，该设施菜地的灌溉水源为深层地下水，据采样测定分析结果，当地地下水中重金属含量均未检出，设施大棚蔬菜中用的农药普遍不含重金属。由此可以发现，该试验基地重金属的输入源主要来自肥料（有机肥和化肥）的施用。

设施菜地肥料中重金属的输入量主要取决于肥料的用量和肥料中的重金属浓度，根据肥料中的重金属含量与肥料用量的乘积，可得各处理通过肥料投入农田中的重金属输入通量及年输入速率，如表 8 - 4 ~ 表 8 - 8 所示。可以看出，不同施肥处理下，各重金属按输入通量的大小呈现明显差异。通过种植第一季作物（表 8 - 4），各种不同的肥料处理比较，均以 MNPK 处理下重金属输入通量最高，其次为 M 处理，再次为 1/2MNPK，而以 NPK 处理的重金属输入通量最低，在所有处理中，各小区不同重金属的输入通量最高分别为 Cd 62.4mg、Cu 11 429.0mg、Zn 32 019.6mg、Cr 3 851.9mg、Ni 2 647.5mg、Pb 2 289.4mg，而对所有肥料处理而言，均以 Cu、Zn 的输入通量相对较高，Cd 的输入通量最低。与此类似，根据各季蔬菜作物的肥料中重金属含量与施用量的结果，后 3 季作物种植过程中重金属的输入情况如表 8 - 5 ~ 表 8 - 7 所示，可以看出，在不同处理下各重金属输入通量所呈现的规律存在差异，但仍然以 1/2MNPK、MNPK、M 处理的重金属输入通量较高。综合两年来的试验结果，将各重金属在不同时间的输入通量累加求和，可计算出不同处理下通过肥料向土壤输入重金属的速率（表 8 - 8）。

表 8 - 4　2008 年 1—7 月土壤重金属的输入通量　　（mg·小区$^{-1}$）

处理	肥料	Cd	Cu	Zn	Cr	Ni	Pb
NPK	尿素	0.0	0.0	0.0	0.0	0.0	0.8
	过磷酸钙	9.2	53.7	1 019.7	116.4	112.6	275.1
	磷酸二铵	4.7	44.1	1 663.6	5.0	99.5	87.8
	硫酸钾	0.3	5.5	41.9	8.9	6.6	27.5
	合计	14.3	103.3	2 725.2	130.2	218.6	391.2
1/2MNPK	尿素	0.0	0.0	0.0	0.0	0.0	0.3
	过磷酸钙	4.6	26.8	509.9	58.2	56.3	137.5
	磷酸二铵	2.0	18.5	697.7	2.1	41.7	36.8
	硫酸钾	0.1	2.1	15.9	3.4	2.5	10.5
	猪粪	15.3	4 528.0	11 267.5	1 420.5	827.4	695.1
	牛粪	9.2	1 139.0	3 518.2	441.7	305.8	263.9
	合计	31.2	5 714.4	16 009.1	1 925.8	1 233.6	1 144.1
MNPK	尿素	0.0	0.0	0.0	0.0	0.0	0.8
	过磷酸钙	9.2	53.7	1 019.7	116.4	112.6	275.1
	磷酸二铵	4.0	37.0	1 395.3	4.2	83.4	73.6
	硫酸钾	0.3	4.4	33.2	7.1	5.2	21.9
	猪粪	30.6	9 055.9	22 535.0	2 840.9	1 654.7	1 390.3
	牛粪	18.3	2 278.1	7 036.4	883.4	611.5	527.8
	合计	62.4	11 429.0	32 019.6	3 851.9	2 467.5	2 289.4
M	猪粪	24.5	7 244.8	18 028.0	2 272.7	1 323.8	1 112.2
	牛粪	18.3	2 278.1	7 036.4	883.4	611.5	527.8
	合计	42.8	9 522.8	25 064.3	3 156.1	1 935.3	1 640.0

表 8 - 5　2008 年 8—12 月土壤重金属的输入通量　　（mg·小区$^{-1}$）

处理	肥料	Cd	Cu	Zn	Cr	Ni	Pb
NPK	尿素	0.0	0.0	0.0	0.0	0.0	0.8
	过磷酸钙	9.2	53.7	1 019.7	116.4	112.6	275.1
	磷酸二铵	5.0	46.2	1 744.1	5.2	104.3	92.0
	硫酸钾	0.3	4.9	37.6	8.0	5.9	24.7
	合计	14.5	104.8	2 801.4	129.5	222.8	392.6
1/2MNPK	尿素	0.0	0.0	0.0	0.0	0.0	0.3
	过磷酸钙	4.6	26.8	509.9	58.2	56.3	137.5
	磷酸二铵	1.5	13.9	523.2	1.6	31.3	27.6
	硫酸钾	0.1	1.8	13.9	3.0	2.2	9.1
	猪粪	35.6	20 174.7	44 865.4	332.9	429.4	1 216.3
	牛粪	9.0	953.1	2 525.2	953.8	601.0	358.2
	合计	50.8	21 170.4	48 437.5	1 349.5	1 120.2	1 749.1

（续表）

处理	肥料	Cd	Cu	Zn	Cr	Ni	Pb
	尿素	0.0	0.0	0.0	0.0	0.0	0.6
	过磷酸钙	9.2	53.7	1 019.7	116.4	112.6	275.1
	磷酸二铵	3.0	27.7	1 046.5	3.1	62.6	55.2
MNPK	硫酸钾	0.2	3.8	28.9	6.1	4.6	19.0
	猪粪	71.2	40 349.5	89 730.7	665.8	858.8	2 432.6
	牛粪	18.0	1 906.3	5 050.3	1 907.7	1 202.1	716.4
	合计	101.6	42 341.0	96 876.2	2 699.2	2 240.6	3 499.0
	猪粪	59.3	33 624.6	74 775.6	554.8	715.6	2 027.2
M	牛粪	18.0	1 906.3	5 050.3	1 907.7	1 202.1	716.4
	合计	77.3	35 530.9	79 825.9	673.8	2 663.2	2 743.6

表 8-6　2009 年 1—7 月重金属的输入通量　（mg·小区$^{-1}$）

处理	肥料类别	Cd	Cu	Zn	Cr	Ni	Pb
	尿素	0.1	2.3	0.0	5.5	0.7	1.8
	过磷酸钙	0.0	0.0	0.0	0.0	0.0	0.0
NPK	磷酸二铵	6.9	64.7	2 441.8	7.3	146.0	128.8
	硫酸钾	0.0	4.2	21.3	3.4	1.1	7.5
	合计	7.0	71.2	2 463.1	16.2	147.8	138.2
	尿素	0.0	0.6	0.0	1.5	0.2	0.5
	过磷酸钙	0.0	0.0	0.0	0.0	0.0	0.0
	磷酸二铵	2.0	18.5	697.7	2.1	41.7	36.8
1/2MNPK	硫酸钾	0.0	1.1	5.6	0.9	0.3	2.0
	猪粪	3.1	3 373.3	10 595.1	62.8	110.0	111.2
	牛粪	—	—	—	—	—	—
	合计	5.1	3 393.5	112 984	67.2	152.1	150.5
	尿素	0.0	1.3	0.0	3.2	0.4	1.0
	过磷酸钙	0.0	0.0	0.0	0.0	0.0	0.0
	磷酸二铵	4.0	37.0	1 395.3	4.2	83.4	73.6
MNPK	硫酸钾	0.0	2.4	12.2	1.9	0.6	4.3
	猪粪	6.1	6 746.7	21 190.3	125.5	219.9	222.5
	牛粪	—	—	—	—	—	—
	合计	10.2	6 787.3	22 597.8	134.8	304.4	301.4
	猪粪	2.0	2 248.9	7 063.4	41.8	73.3	74.2
M	牛粪	—	—	—	—	—	—
	合计	2.0	2 248.9	7 063.4	41.8	73.3	74.2

表 8-7 2009 年 8—12 月重金属的输入通量 （mg·小区$^{-1}$）

处理	肥料类别	Cd	Cu	Zn	Cr	Ni	Pb
NPK	尿素	0.1	2.3	0.0	2.4	0.3	0.8
	过磷酸钙	15.4	1 844.1	2 965.8	773.3	281.3	141.6
	磷酸二铵	4.0	37.0	1 395.3	4.2	83.4	73.6
	硫酸钾	0.1	4.6	23.5	3.7	1.3	8.3
	合计	19.5	1 888.0	4 384.6	783.5	366.3	224.4
1/2MNPK	尿素	0.0	0.8	0.0	2.0	0.2	0.6
	过磷酸钙	7.7	923.6	1 485.3	387.3	140.9	70.9
	磷酸二铵	1.0	9.2	348.8	1.0	20.9	18.4
	硫酸钾	0.0	1.7	8.4	1.3	0.4	3.0
	猪粪	12.3	13 493.3	42 380.6	251.1	439.9	444.9
	牛粪	8.1	949.5	3 197.3	518.8	394.1	281.6
	合计	29.0	15 378.6	47 420.5	1 161.6	996.4	819.5
MNPK	尿素	0.1	1.7	0.0	4.0	0.5	1.3
	过磷酸钙	15.4	1 844.1	2 965.8	773.3	281.3	141.6
	磷酸二铵	2.0	18.5	697.7	2.1	41.7	36.8
	硫酸钾	0.0	3.4	17.4	2.7	0.9	6.2
	猪粪	24.5	26 986.7	84 761.2	502.2	879.7	889.9
	牛粪	16.1	1 899.9	6 394.6	1 037.7	788.2	563.3
	合计	58.1	30 754.3	94 836.6	2 322.0	1 992.4	1 639.0
M	猪粪	20.4	22 488.9	70 634.3	418.5	733.1	741.6
	牛粪	16.1	1 899.9	6 394.6	1 037.7	788.2	563.3
	合计	36.5	24 388.8	77 028.9	1 456.1	1 521.3	1 304.8

表 8-8 不同处理下通过肥料向土壤输入重金属的速率 （kg·hm^{-2}·a^{-1}）

处理	Cd	Cu	Zn	Cr	Ni	Pb
NPK	0.011	0.401	2.292	0.196	0.177	0.212
1/2MNPK	0.022	8.455	22.808	0.834	0.649	0.715
MNPK	0.043	16.910	45.617	1.668	1.297	1.431
M	0.029	13.276	34.997	1.318	1.009	1.067

从上述表中结果可以看出，各重金属的输入速率大小的不同处理排序均为：MNPK > M > 1/2MNPK > NPK，各重金属的输入量均以 MNPK 处理最高，各重金属的最大输入速率分别为 Cd 0.043kg·hm^{-2}·a^{-1}、Cu 16.910kg·hm^{-2}·a^{-1}、Zn 45.617kg·hm^{-2}·a^{-1}、Cr 1.688kg·hm^{-2}·a^{-1}、Ni

1.297kg·hm^{-2}·a^{-1}、Pb 1.431kg·hm^{-2}·a^{-1}，而 MNPK 处理下重金属输入速率大小排序为：Zn＞Cu＞Cr＞Pb＞Ni＞Cd。从有机肥和化肥施用导致的重金属输入情况看，通过有机肥的输入大大高于化肥施用带来的重金属输入量。

三、设施菜地重金属的输出

从当地设施菜地重金属的输出途径看，主要通过果实及作物收获物将重金属移出土壤。当然除了作物收获的途径外，还可能有土壤淋溶和地表径流输出。一般认为重金属进入土壤后，由于土壤对它们的吸附，往往富集在土壤耕作层，极难向下迁移（夏增禄等，1985；冯恭衍等，1993），尤其是在本研究进行为期两年的试验期间，由于设施利用年限较短，且研究区域处于水源严重不足的北方地区，重金属淋溶下渗入地下水的风险可忽略不计，因而通过作物收获物带走重金属是设施菜地重金属的主要输出途径。

将不同施肥处理下作物的经济产量及作物收获生物量进行比较（表8－9），可以看出，对照土壤 CK 的无论是经济产量还是其余收获物所代表的生物量均为最低，而且对照土壤的经济产量随着时间的推移不断降低，在4种施肥处理中以 1/2MNPK 和 MNPK 处理的生物量和经济产量分别为最高，明显高于纯施用化肥和有机肥的处理，看来有机无机复合肥处理有助于作物产量的提高。从多季植物收获物重金属平均含量看（表8－10），不同处理的收获物中重金属含量不尽一致。与国家食品中污染物限量标准（GB2 762—2005）比较，除 MNPK 处理中果实的铅含量 0.096mg·kg^{-1}（以鲜重计）超过标准中的 0.05mg·kg^{-1} 的限量值外，其他处理的重金属含量均未超标，蔬菜质量状况良好。从果实中 Cd、Ni 含量看，以 NPK 处理的含量最高，M 处理 Cd 含量最低；而果实中 Cu 含量则以 1/2MNPK 和 M 处理相对较高，NPK 处理的最低；果实 Zn、Cr 含量与 Cu 类似，也以 M 处理最高，而NPK 处理的最低；从果实 Pb 含量看，以 MNPK 处理的最高，其含量分别为CK、NPK、1/2NPK、M 处理的 3.10、2.67、3.12、3.20 倍。

根据不同处理下不同茬口收获物（果实和秸秆）的产量和重金属含量，可以计算设施菜地各茬口通过作物输出重金属的量，如表8－11～表8－14所示。从第一季作物来看，重金属输出量最大的为 Zn 元素，其次为 Cu、而Cd 的输出量最低，在不同的处理中，1/2MNPK、MNPK 和 M 处理的重金属输出量相对较高，其中，1/2MNPK 输出的 Cu、Zn 量分别为 392.28mg·小区$^{-1}$、1 853.97mg·小区$^{-1}$，即 14.3mg·m^{-3}、67.7mg·m^{-3}，而 MNPK 的 Cu、Zn 输出量分别为 359.29mg·小区$^{-1}$、1 725.27mg·小区$^{-1}$，即 13.1mg·m^{-3}、63.0mg·m^{-3}，大大超过对照的 8.6mg·m^{-3}、32.3mg·m^{-3} 的 Cu、Zn 输出水平，其他茬口的重金属输出量大致与第一茬类似，在所有的处理中，通过秸秆带走的重金属均明显低于果实携带的重金属量。

表 8-9　不同处理下各季作物经济产量及秸秆生物量　（mg·小区$^{-1}$）

各处理	生物量组成	不同时间产出			
		2008.3—8 （第一季作物： 西红柿）	2008.10—12 （第二季作物： 黄瓜）	2009.3—6 （第三季作物： 西红柿）	2009.10—12 （第四季作物： 黄瓜）
CK	经济产量	257.2	90.7	158.5	74.7
	秸秆生物量	81.3	28.7	50.1	23.6
NPK	经济产量	393.5	172.5	247.8	130.7
	秸秆生物量	124.4	54.5	78.3	41.3
1/2MNPK	经济产量	449.3	185.0	244.5	154.2
	秸秆生物量	142.0	58.5	77.3	48.7
MNPK	经济产量	434.0	180.0	264.7	163.5
	秸秆生物量	137.2	56.9	83.7	51.7
M	经济产量	314.5	124.8	194.0	104.2
	秸秆生物量	99.4	39.4	61.3	32.9

表 8-10　不同处理下植物各部位重金属元素的含量　（mg·kg^{-1}）

各处理	不同部位	Cd	Cu	Zn	Cr	Ni	Pb
CK	果实	0.004	0.719	2.391	0.091	0.185	0.031
	秸秆	0.001	0.967	3.952	0.041	0.203	0.005
NPK	果实	0.006	0.609	1.664	0.084	0.204	0.036
	秸秆	0.001	0.669	2.651	0.036	0.195	0.005
1/2MNPK	果实	0.003	0.804	3.719	0.098	0.155	0.031
	秸秆	—	0.773	3.748	0.040	0.125	0.005
MNPK	果实	0.005	0.690	3.569	0.091	0.122	0.096
	秸秆	0.002	0.818	3.625	0.049	0.129	0.012
M	果实	0.003	0.885	4.243	0.109	0.168	0.030
	秸秆	0.002	0.946	4.418	0.091	0.137	0.024

表8-11　第一季作物收获后不同处理下重金属的输出量 （mg·小区⁻¹）

各处理	输出组成	Cd	Cu	Zn	Cr	Ni	Pb
CK	果实	0.68	110.91	368.98	14.08	28.61	4.77
	秸秆	0.16	125.82	514.11	5.35	26.46	0.65
	总输出	0.84	236.74	883.08	19.42	55.08	5.41
NPK	果实	1.54	143.82	392.76	19.81	48.04	8.47
	秸秆	0.25	133.18	527.71	7.20	38.88	0.91
	总输出	1.78	277.00	920.48	27.01	86.92	9.38
1/2MNPK	果实	0.93	216.68	1 002.49	26.32	41.70	8.27
	秸秆	0.00	175.59	851.49	9.06	28.32	1.04
	总输出	0.93	392.28	1 853.97	35.38	70.02	9.31
MNPK	果实	1.19	179.63	929.41	23.78	31.68	24.94
	秸秆	0.37	179.66	795.86	10.68	28.27	2.56
	总输出	1.56	359.29	1 725.27	34.46	59.95	27.50
M	果实	0.57	167.03	800.64	20.56	31.65	5.64
	秸秆	0.26	150.48	702.70	14.53	21.78	3.83
	总输出	0.84	317.51	1 503.34	35.09	53.43	9.47

表8-12　第二季作物收获后重金属的输出量　　　（mg·小区⁻¹）

各处理	输出组成	Cd	Cu	Zn	Cr	Ni	Pb
CK	果实	0.24	39.11	130.12	4.96	10.09	1.68
	秸秆	0.06	44.42	181.49	1.89	9.34	0.23
	总输出	0.30	83.53	311.60	6.85	19.43	1.91
NPK	果实	0.67	63.05	172.18	8.69	21.06	3.71
	秸秆	0.11	58.34	231.19	3.15	17.03	0.40
	总输出	0.78	121.39	403.37	11.84	38.09	4.11
1/2MNPK	果实	0.38	89.22	412.78	10.84	17.17	3.41
	秸秆	0.00	72.34	350.79	3.73	11.67	0.43
	总输出	0.38	161.56	763.56	14.57	28.84	3.83
MNPK	果实	0.49	74.50	385.47	9.86	13.14	10.34
	秸秆	0.15	74.51	330.06	4.43	11.72	1.06
	总输出	0.65	149.01	715.53	14.29	24.86	11.40
M	果实	0.23	66.28	317.71	8.16	12.56	2.24
	秸秆	0.10	59.65	278.54	5.76	8.63	1.52
	总输出	0.33	125.93	596.24	13.92	21.19	3.76

表 8-13 第三季作物收获后重金属的输出量 （mg·小区⁻¹）

各处理	输出组成	Cd	Cu	Zn	Cr	Ni	Pb
CK	果实	0.42	68.35	227.38	8.67	17.63	2.94
	秸秆	0.10	77.54	316.81	3.30	16.31	0.40
	总输出	0.52	145.89	544.19	11.97	33.94	3.34
NPK	果实	0.97	90.57	247.34	12.48	30.25	5.33
	秸秆	1.55	834.21	3 305.60	45.07	243.52	5.70
	总输出	2.52	924.78	3 552.93	57.55	273.77	11.04
1/2MNPK	果实	0.51	117.91	545.53	14.32	22.69	4.50
	秸秆	0.00	95.59	463.52	4.93	15.42	0.57
	总输出	0.51	213.50	1 009.05	19.26	38.11	5.07
MNPK	果实	0.73	109.56	566.85	14.51	19.32	15.21
	秸秆	0.22	109.60	485.52	6.51	17.24	1.56
	总输出	0.95	219.16	1 052.38	21.02	36.57	16.77
M	果实	0.35	103.03	493.88	12.68	19.52	3.48
	秸秆	0.16	92.80	433.36	8.96	13.43	2.36
	总输出	0.52	195.83	927.23	21.64	32.96	5.84

表 8-14 第四季作物收获后重金属的输出量 （mg·小区⁻¹）

各处理	输出组成	Cd	Cu	Zn	Cr	Ni	Pb
CK	果实	0.20	32.21	107.16	4.09	8.31	1.38
	秸秆	0.05	36.52	149.24	1.55	7.68	0.19
	总输出	0.24	68.74	256.40	5.64	15.99	1.57
NPK	果实	0.51	47.77	130.45	6.58	15.96	2.81
	秸秆	0.08	44.21	175.20	2.39	12.91	0.30
	总输出	0.59	91.98	305.65	8.97	28.86	3.12
1/2MNPK	果实	0.32	74.36	344.05	9.03	14.31	2.84
	秸秆	0.00	60.22	292.02	3.11	9.71	0.36
	总输出	0.32	134.59	636.08	12.14	24.02	3.19
MNPK	果实	0.45	67.67	350.13	8.96	11.94	9.40
	秸秆	0.14	67.70	299.90	4.02	10.65	0.96
	总输出	0.59	135.37	650.03	12.98	22.59	10.36
M	果实	0.19	55.34	265.27	6.81	10.49	1.87
	秸秆	0.09	49.81	232.58	4.81	7.21	1.27
	总输出	0.28	105.15	497.85	11.62	17.70	3.14

四、设施菜地重金属的平衡估算

在了解设施菜地重金属的输入和输出通量的基础上，可以进行设施菜地重金属的平衡估算，得到菜地土壤中重金属的盈余量和多年的累积速率。通过不同茬口作物收获输出及农业投入品输入的重金属平衡估算，得到不同年份不同作物收获后土壤重金属的盈余量及累积速率，如表 8－15～表 8－20 所示。结果表明，对于 MNPK、1/2MNPK 和 M 处理，设施菜地各重金属均出现了明显的盈余，对第一季作物而言，MNPK 处理的 Cu、Zn 盈余量分别为 11 069.8、30 294.4mg/小区，即 410.0、11 202.0mg·m^{-2}，其 Cd、Cr、Ni、Pb 的盈余量分别为 2.3、141.4、89.2、83.8mg·m^{-2}。对于第二季作物而言，重金属盈余量相对较高的处理依然为含有机肥的处理，对第三季、第四季作物种植后，导致相应的重金属盈余量较高的仍然是 MNPK、1/2MNPK 和 M 处理，且均以 MNPK 处理最高。

根据两年的田间定位试验结果，通过种植四季作物后，各种不同处理下各重金属的盈余量和累积速率均有不同（表 8－19～表 8－20）。但总体来说，根据本研究的结果，不同处理下设施菜地各重金属元素均出现了明显的累积，而对照土壤的重金属元素的含量则出现不同程度的亏缺。从设施菜地输入输出平衡计算重金属的累积速率（表 8－20）来看，所有处理中重金属元素累积速率最高的均为 MNPK 处理，其中，重金属 Cd、Cu、Zn、Cr、Ni、Pb 的累积速率分别为 0.042、16.750、44.849、1.653、1.271、1.419kg·hm^{-2}·a^{-1}。各处理 Cd、Cu、Zn、Cr、Ni、Pb 累积速率由高至低的顺序均为：MNPK 处理 > M 处理 > 1/2MNPK 处理 >NPK 处理，这与本试验设计中各肥料投入比例与、用量、肥料重金属含量及作物产出状况相关。

表 8－15　第一季作物种植导致的土壤重金属的盈余量　（mg·小区$^{-1}$）

处理	Cd	Cu	Zn	Cr	Ni	Pb
CK	−0.8	−236.7	−883.1	−19.4	−55.1	−5.4
NPK	12.5	−173.7	1 804.8	103.2	131.7	381.8
1/2MNPK	30.3	5 322.1	14 155.1	1 890.4	1 163.6	1 134.8
MNPK	60.9	11 069.8	30 294.4	3 817.4	2 407.6	2 261.9
M	42.0	9 205.3	23 561.0	3 121.0	1 881.9	1 630.6

表 8 – 16　第二季作物种植导致的菜地重金属的盈余量　（mg·小区$^{-1}$）

处理	Cd	Cu	Zn	Cr	Ni	Pb
CK	− 0. 3	− 83. 5	− 311. 6	− 6. 9	− 19. 4	− 1. 9
NPK	13. 7	− 16. 6	22 398. 1	117. 7	184. 7	388. 5
1/2MNPK	50. 4	21 008. 9	47 674. 0	1 334. 9	1 091. 4	1 745. 3
MNPK	101. 0	42 192. 0	96 160. 7	2 684. 9	2 215. 7	3 487. 6
M	77. 0	35 404. 9	7 929. 7	2 448. 6	1 896. 5	2 739. 9

表 8 – 17　第三季作物种植导致的菜地重金属的盈余量　（mg·小区$^{-1}$）

处理	Cd	Cu	Zn	Cr	Ni	Pb
CK	− 0. 5	− 145. 9	− 544. 2	− 12. 0	− 33. 9	− 3. 3
NPK	4. 5	− 853. 6	− 1 089. 8	− 41. 4	− 126. 0	127. 1
1/2MNPK	4. 6	3 180. 0	10 289. 4	47. 9	114. 0	145. 4
MNPK	9. 2	6 568. 2	21 545. 4	113. 8	267. 8	284. 7
M	1. 5	2 053. 1	6 136. 2	20. 2	40. 3	68. 3

表 8 – 18　第四季作物种植导致的菜地重金属的盈余量　（mg·小区$^{-1}$）

处理	Cd	Cu	Zn	Cr	Ni	Pb
CK	− 0. 2	− 68. 7	− 256. 4	− 5. 6	− 16. 0	− 1. 6
NPK	18. 9	1 796. 0	4 078. 9	774. 6	337. 4	221. 2
1/2MNPK	28. 7	15 244. 0	46 784. 4	1 149. 4	972. 4	816. 3
MNPK	57. 5	30 618. 9	94 186. 6	2 309. 0	1 969. 8	1 628. 7
M	36. 3	24 283. 6	76 531. 0	1 444. 5	1 503. 6	1 301. 7

表 8 – 19　两年试验结束时土壤重金属的盈余量　（mg·小区$^{-1}$）

处理	Cd	Cu	Zn	Cr	Ni	Pb
CK	− 1. 9	− 534. 9	− 1 995. 3	− 43. 9	− 124. 4	− 12. 2
NPK	49. 7	752. 1	7 191. 9	954. 1	527. 8	1 118. 6
1/2MNPK	114. 0	44 755. 0	118 902. 9	4 422. 7	3 341. 3	3 841. 8
MNPK	228. 6	90 448. 8	242 187. 0	8 925. 0	6 860. 8	7 662. 8
M	156. 8	70 946. 9	185 457. 9	7 034. 4	5 322. 4	5 740. 4

表8-20 两年试验结束时土壤重金属的累积速率 （$kg \cdot hm^{-2} \cdot a^{-1}$）

处理	Cd	Cu	Zn	Cr	Ni	Pb
CK	-0.000	-0.099	-0.369	-0.008	-0.023	-0.002
NPK	0.009	0.139	1.332	0.177	0.098	0.207
1/2MNPK	0.021	8.288	22.019	0.819	0.619	0.711
MNPK	0.042	16.750	44.849	1.653	1.271	1.419
M	0.029	13.138	34.344	1.303	0.986	1.063

通过两年的田间定位试验，发现研究区域设施种植模式下各重金属 Cd、Cu、Zn、Cr、Ni、Pb 的最大累积速率分别为 0.042、16.750、44.849、1.653、1.271、1.419kg·hm^{-2}·a^{-1}，其 Cu 和 zn 的年输入量超过瑞典（Landner, Reuther, 2004）农业生态系统最大允许年输入量 300g·hm^{-2} 和 600g·hm^{-2}。其他相关研究报道了欧洲农业区重金属平均年输入量 Zn 为 61~1 083g·hm^{-2}，Cd 为 0.2~3.7g·hm^{-2}（Moolenaar, Lexmond, 1998），2001 年荷兰（Noort, Egmond, 2001）农业区重金属输入量 Cu 为 350g·hm^{-2}，Zn 为 1 000g·hm^{-2}，Cd 为 1.5g·hm^{-2}，与欧洲地区农业生产系统重金属年输入量情况相比，在本研究区 1/2MNPK、MNPK、M 处理下的设施菜地重金属的输入量明显较高，这主要与本研究中设施菜地含高量重金属的有机肥和化肥的大量施用有关。

本研究所施用的肥料重金属情况如下（表8-21）：2008 年 1—7 月施用的猪粪中 Cd 为 0.350mg·kg^{-1}、Cu 为 103.50mg·kg^{-1}、Zn 为 257.54 mg·kg^{-1}、Cr 为 32.47mg·kg^{-1}、Ni 为 18.91mg·kg^{-1}、Pb 为 15.89mg·kg^{-1}，2008 年 8—12 月施用的猪粪中重金属含量 Cd 为 0.847mg·kg^{-1}、Cu 为 480.35mg·kg^{-1}、Zn 为 1 068.22mg·kg^{-1}、Cr 为 7.93mg·kg^{-1}；2009 年施用的猪粪中 Cd 为 0.292mg·kg^{-1}、Cu 为 321.27mg·kg^{-1}、Zn 为 1 009.06 mg·kg^{-1}，过磷酸钙重 Cd 含量为 2.533mg·kg^{-1}、Cu 为 303.81mg·kg^{-1}、Zn 为 488.60mg·kg^{-1}；磷酸二铵中 Cd 为 1.525mg·kg^{-1}。各时期的牛粪中 Cd、Cu、Zn 含量均低于猪粪，其他化肥如尿素、硫酸钾中重金属含量未检出或微量。化肥尤其是磷肥中镉含量较高，总体来看，由于有机肥的施用量大大高于化肥，尤其是猪粪中 Cu、Zn 含量较高，Cd 含量虽低，但长期大量施用含高量重金属的化肥和有机肥后，无疑导致土壤重金属累积程度加重，因而肥料尤其是有机肥的施用是区域设施菜地重金属的主要来源。

根据国内少量对农田生产系统重金属平衡的研究报道，徐勇贤等

（2009）对长三角工业型城乡交错区蔬菜生产系统重金属平衡的研究表明：当地蔬菜种植后重金属的平衡通量 Cu 约为 $3\,577 \pm 2\,150\mathrm{g \cdot hm^{-2}}$、Pb 为 $511 \pm 235\mathrm{g \cdot hm^{-2}}$、Zn 为 $4\,922 \pm 3\,504\mathrm{g \cdot hm^{-2}}$，本研究所得 Cu 的通量在施用有机肥的各处理均大大高出徐勇贤等人得出的平衡通量水平，而 Pb 通量则与本研究中施用有机肥的各处理大致相当。另据徐勇贤等（2008）的研究结果，南京城乡交错区小型蔬菜生产系统中重金属的平衡量 Cu 为 $246 \sim 3\,648\mathrm{g \cdot hm^{-2}}$、Pb 为 $63 \sim 441\mathrm{g \cdot hm^{-2}}$、Zn 为 $826 \sim 7\,094\mathrm{g \cdot hm^{-2}}$、Cd 为 $0.6 \sim 10\mathrm{g \cdot hm^{-2}}$，本研究中施用有机肥的处理 Cu、Zn 的累积速率均明显高于以上研究结果，但 Cd、Pb 的累积速率大体相当。本研究中 Cu、Zn 的累积速率较高，主要与施用的有机肥重金属含量高有关，如猪粪的 Cu 含量为 $103.50 \sim 480.35$，Zn 含量为 $257.54 \sim 1\,068.22\mathrm{mg \cdot kg^{-1}}$。将本研究的结果与普通农田生态系统（大田）情况下的相关研究比较，均大大高于露天菜地系统中重金属的输入量和累积速率（林匡飞等，2003），这与本研究温室大棚的特殊生产方式密切相关。

表 8 - 21　不同肥料中重金属含量　　　　　　　　　　（$\mathrm{mg \cdot kg^{-1}}$）

施用时间	肥料种类	Cd	Cu	Zn	Cr	Ni	Pb
2008 年 1—7 月	猪粪	0.350	103.50	257.54	32.47	18.91	15.89
	牛粪	0.262	32.54	100.52	12.62	8.74	7.54
	过磷酸钙	1.522	8.84	168.00	19.17	18.55	45.32
	磷酸二铵	1.525	14.22	536.66	1.60	32.08	28.32
	硫酸钾	0.109	1.74	13.25	2.81	2.09	8.71
	尿素	ND	ND	ND	ND	ND	ND
2008 年 8—12 月	猪粪	0.847	480.35	1 068.22	7.93	10.22	28.96
	牛粪	0.257	27.23	72.15	27.25	17.17	10.23
	过磷酸钙	1.522	8.84	168.00	19.17	18.55	45.32
	磷酸二铵	1.525	14.22	536.66	1.60	32.08	28.32
	硫酸钾	0.109	1.74	13.25	2.81	2.09	8.71
	尿素	ND	ND	ND	ND	ND	ND
2009 年 1—12 月	猪粪	0.292	321.27	1 009.06	5.98	10.47	10.59
	牛粪	0.230	27.14	91.35	14.82	11.26	8.05
	过磷酸钙	2.533	303.81	488.60	127.40	46.35	23.33
	磷酸二铵	1.525	14.22	536.66	1.60	32.08	28.32
	硫酸钾	0.021	1.84	9.36	1.48	0.50	3.31
	尿素	0.032	1.00	ND	2.43	0.29	0.80

小　结

（1）试验区设施菜地进行蔬菜种植过程中重金属的输入途径主要来自于化肥和有机肥，而有机肥对设施菜地重金属的输入通量远远超过化肥。在不同的处理下，各重金属的最大输入通量分别为 Cd 0.043kg·hm^{-2}·a^{-1}、Cu 16.910kg·hm^{-2}·a^{-1}、Zn 45.617kg·hm^{-2}·a^{-1}、Cr 1.668kg·hm^{-2}·a^{-1}、Ni 1.297kg·hm^{-2}·a^{-1}、Pb 1.431kg·hm^{-2}·a^{-1}，重金属输入速率均以 MNPK 处理最高。

（2）研究区的设施土壤中种植的蔬菜除 MNPK 处理果实铅含量超标外，其他重金属含量均未超标，蔬菜质量整体状况良好。在不同的试验处理下，以 M 处理可食部分的 Cu、Zn、Cr 含量为最高，NPK 处理的 Cd、Ni 含量最高，MNPK 处理的 Pb 含量最高。蔬菜植物秸秆和果实收获物是设施菜地重金属输出的主要渠道，通过作物果实收获带走的重金属量远远超过植物秸秆的重金属输出量。

（3）通过两年的定位试验及对设施菜地重金属输入输出平衡估算，发现除个别元素外，不同处理下重金属均有不同程度的盈余，其中 MNPK、1/2MNPK 处理的重金属盈余量相对较高，NPK 处理较低；从平衡通量看，重金属累积速率最高的为 MNPK 处理，其中，重金属 Cd、Cu、Cr、Ni、Pb 的累积速率分别为 0.042kg·hm^{-2}·a^{-1}、16.750kg·hm^{-2}·a^{-1}、44.849kg·hm^{-2}·a^{-1}、1.653kg·hm^{-2}·a^{-1}、1.271kg·hm^{-2}·a^{-1} 和 1.419kg·hm^{-2}·a^{-1}。

第九章 设施土壤重金属累积与农产品质量

设施土壤是以高技术、高投入、高产出为特征的高度集约化的设施农业。作为重要的蔬菜生产基地,设施菜地重金属的累积风险日益引起业内人士关注。一些研究表明设施土壤尽管未出现大范围重金属超标现象,但与受人类活动干扰较少的林地比较,重金属逐年累积的现象明显。根据笔者对多个典型区域的研究结果看,设施菜地土壤重金属累积的趋势明显,在此基础上,需明确土壤重金属累积造成的农作物中重金属的富集程度及危害,以利于采取合理措施将土壤重金属累积的环境风险降到最低程度。鉴于此,笔者以吉林四平市设施土壤蔬菜生产系统为例,探讨土壤植物系统中重金属的分配规律及设施菜地重金属累积对蔬菜重金属含量的影响。为下一步实施设施蔬菜重金属风险防控及保障农产品安全提供科学依据。

一、蔬菜重金属含量状况

从四平地区蔬菜中各重金属元素含量状况看(表9-1),各元素平均含量最高的为 Zn($4.895mg\cdot kg^{-1}$ 鲜重),其次为 Cu($1.435mg\cdot kg^{-1}$)、再次为 Ni($0.661mg\cdot kg^{-1}$),然后是 Pb($0.033mg\cdot kg^{-1}$)和 Cr($0.030mg\cdot kg^{-1}$),而高毒元素重金属 Cd 的含量最低,其值为 $0.018mg\cdot kg^{-1}$。将蔬菜重金属含量与国家标准 GB 2762—2012 污染物 Cd 的限量值 $0.05mg\cdot kg^{-1}$ 比较,发现蔬菜可食部位 Cd 含量仅 3 个样本超标,占总样本的比例 4.1%,最高含量达 $0.105mg\cdot kg^{-1}$(以鲜重计,下同),超过标准 1.1 倍。不同类型蔬菜比较,按 Cd 平均含量高低排序为:辣椒 > 芹菜 > 西红柿 > 黄瓜 > 豆角,辣椒 Cd 风险较高,已达标准限量值 $0.05mg\cdot kg^{-1}$ 的 88%,而芹菜 Cd 的最高含量 $0.073mg\cdot kg^{-1}$,已达限量值 $0.10mg\cdot kg^{-1}$ 的 73%,同样面临一定的超标风险;Cr 含量则大大低于 $0.50mg\cdot kg^{-1}$ 的标准;蔬菜 Pb 的样本超标率 2.6%,最高含量 $0.138mg\cdot kg^{-1}$,大大超过标准限量值 $0.10mg\cdot kg^{-1}$,不同蔬菜 Pb 含量均值高低排序为:辣椒 > 芹菜 > 豆角 >

西红柿 > 黄瓜；而蔬菜 Cu、Zn、Ni 的平均含量依次为 0.890、2.660、0.338mg·kg^{-1}。

表 9 - 1   不同蔬菜水果中重金属的描述性统计值

（mg·kg^{-1}，以鲜重计）

项　目	统计值	Cd	Cu	Zn	Pb	Cr	Ni
豆角	样本数	29	29	29	29	29	29
	范围	0.060	6.020	14.61	0.200	0.080	3.280
	最小值	0.000	0.720	3.360	0.000	0.000	0.080
	最大值	0.060	6.730	17.97	0.200	0.080	3.360
	均值	0.009	2.269	8.414	0.057	0.030	1.363
	标准差	0.012	1.360	2.988	0.056	0.026	0.867
黄瓜	样本数	20	20	20	20	20	20
	范围	0.160	1.550	7.070	0.050	0.200	0.730
	最小值	0.000	0.420	0.950	0.000	0.000	0.040
	最大值	0.170	1.970	8.030	0.050	0.200	0.780
	均值	0.027	1.055	4.275	0.018	0.039	0.314
	标准差	0.036	0.454	1.649	0.016	0.050	0.217
西红柿	样本数	22	22	22	22	22	22
	范围	0.040	4.660	1.330	0.070	0.110	0.190
	最小值	0.010	0.240	0.410	0.000	0.000	0.010
	最大值	0.050	4.900	1.750	0.070	0.110	0.200
	均值	0.021	0.579	0.818	0.008	0.023	0.052
	标准差	0.010	0.996	0.316	0.015	0.033	0.037
辣椒	样本数	1	1	1	1	1	1
	均值	0.018	3.664	4.903	0.122	0.021	0.626
总体	样本数	72	72	72	72	72	72
	范围	0.170	6.490	17.560	0.200	0.200	3.350
	最小值	0.000	0.240	0.410	0.000	0.000	0.010
	最大值	0.170	6.730	17.970	0.200	0.200	3.360
	均值	0.018	1.435	4.895	0.033	0.030	0.661
	标准差	0.022	1.304	3.820	0.044	0.036	0.812

统计分析的结果表明，随着土壤中 Cd 含量的增加，蔬菜中 Cd 含量也呈现显著增加趋势，且两者间达 $P < 0.01$ 显著性水平，蔬菜 Cd 含量可用 $y = 0.0142x + 0.0101$ 表示，其中 y 为蔬菜 Cd 含量（mg·kg^{-1}），x 为土壤

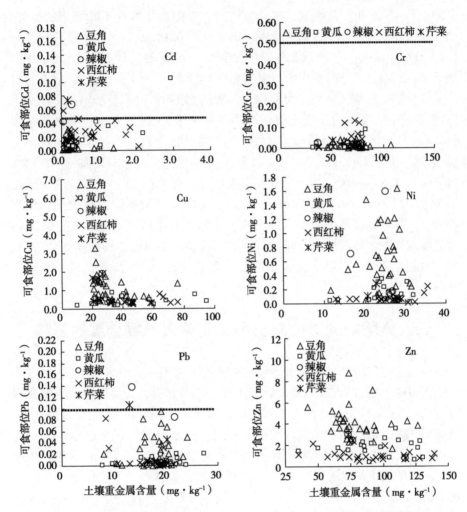

图 9-1　蔬菜可食部位重金属含量（以干重计）与土壤重金属含量的关系

Cd 含量（mg·kg⁻¹，以鲜重计），蔬菜中其余重金属含量与土壤重金属间未发现显著相关关系。总体来看，吉林四平市的蔬菜虽然出现了少数重金属含量超标现象，但重金属含量总体水平较低，蔬菜品质尚可。

二、设施年限对设施土壤和蔬菜累积重金属的影响

通过分析不同设施年限的土壤和蔬菜中重金属含量发现（表 9-2～表 9

－3），除 Pb 之外，其他重金属含量均随着年限增加呈现不断累积的趋势。当蔬菜大棚设施年限≤3 时，土壤 Cd 含量为 0.13mg·kg^{-1}，蔬菜可食部分 Cd 含量 8.4μg·kg^{-1}；而设施年限增加至 15 ~ 20 年时，其土壤 Cd 含量增加至 0.61mg·kg^{-1}，与前者相比，土壤 Cd 含量提高了 3.7 倍，蔬菜 Cd 含量提高了 0.9 倍。土壤－蔬菜系统 Cd 含量均比建棚初始时期显著增加，蔬菜中 Cd 含量超标的样本均出现在耕作 6 年以上土壤。与 Cd 相似，其他重金属 Cu、Cr、Ni、Zn 含量随着设施年限的增加亦不断升高，当设施年限为 15 ~ 20 年时，土壤 Cu、Cr、Ni、Zn 含量比设施年限≤3 年时增加了 97.1%、54.1%、48.8% 和 62.6%，相应的蔬菜可食部位 Cu、Cr、Ni、Zn 含量增加了 211.8%、167.1%、1008%、132.2%。而 Pb 有所不同，随着设施年限的延长，呈现先降低后增加再降低的波动起伏变化趋势，蔬菜可食部分 Pb 含量随着年限的增加呈现先降低后增加的趋势。因而设施种植年限的增加，会导致相应土壤－蔬菜中大部分重金属含量升高，环境风险及健康风险持续增加。

三、施肥制度对设施土壤和蔬菜累积重金属的影响

设施土壤－蔬菜系统中重金属的积累与施肥制度密切相关（表 9－3）。从不同肥料类型对土 Cd 累积的影响来看，施用猪粪、人粪尿导致土壤和蔬菜中 Cd 含量较高，且施用人粪尿的处理显著高于鸡粪、马牛粪/秸秆处理，而施用马牛粪秸秆的土壤和蔬菜中 Cd 含量最低。Cu、Zn 含量与 Cd 类似，土壤 Cu、Zn 含量均以施用猪粪、人粪尿的处理较高，而马牛粪秸秆的较低，相应的蔬菜均以施用马牛粪/秸秆的最低，且猪粪、人粪尿处理下的土壤和蔬菜 Cu、Zn 含量均显著高于马牛粪/秸秆处理。土壤 Cr、Pb 和 Ni 含量均以施用人粪尿的最高，马牛粪及秸秆施用下的最低，蔬菜可食部位 Cr 和 Ni 含量均以施用人粪尿的处理最高，显著高于马牛粪秸秆处理。施用猪粪和鸡粪处理比较，施用鸡粪导致土壤和蔬菜中 Cr、Pb、Ni 含量高于猪粪，而施用猪粪则导致土壤和蔬菜中 Cd、Cu、Zn 含量均显著高于鸡粪。

将肥料用量与土壤重金属含量进行相关分析的结果表明，土壤 Cd、Cu 含量与化肥施用水平间呈现显著正相关关系（$P < 0.05$），说明随着化肥施用量的增加，土壤 Cd 和 Cu 的累积趋势明显，化肥施用应与土壤 Cd 和 Cu 的累积直接相关；而化肥用量与蔬菜重金属含量间未发现明显相关。将蔬菜重金属含量与有机肥施用水平间进行统计分析，发现设施蔬菜可食部位

表 9-2　不同设施年限下土壤和蔬菜可食部位（以鲜重计）重金属含量

设施年限/y	Cd 土壤/mg·kg⁻¹	Cd 蔬菜/μg·kg⁻¹	Cu 土壤/mg·kg⁻¹	Cu 蔬菜/μg·kg⁻¹	Cr 土壤/mg·kg⁻¹	Cr 蔬菜/μg·kg⁻¹	Ni 土壤/mg·kg⁻¹	Ni 蔬菜/μg·kg⁻¹	Pb 土壤/mg·kg⁻¹	Pb 蔬菜/μg·kg⁻¹	Zn 土壤/mg·kg⁻¹	Zn 蔬菜/μg·kg⁻¹
≤3	0.13c	8.4B	20.9c	399C	47.3b	7.0C	17.2b	47.7B	19.3a	25.7A	57.5b	1 646B
3~6	0.60a	20.9A	35.1b	672B	70.7a	30.3A	26.5a	280.5AB	18.3a	15.5B	90.3a	2 347B
7~10	0.40ab	12.8A	45.8a	576B	69.2a	8.2C	26.6a	319.0AB	20.0a	11.2B	92.9a	2 135B
11~14	0.47ab	11.1A	38.6ab	726B	66.1ab	17.6B	25.5a	367.6AB	19.2a	17.8AB	97.1a	2 834AB
15~20	0.61a	16.2A	41.2ab	1 244A	72.9a	18.7B	25.6a	528.5A	18.1a	27.1AB	93.5a	3 822A
21~30	0.25b	15.9A	30.8b	1 377A	53.5b	16.1B	17.5b	315.9AB	12.7b	40.1A	66.8b	3 267A
平均	0.48	16.3	37.2	803	67.5	20.2	22.6	327.3	17.9	19.5	87.68	2 635

注：以上数值为平均值　同一列不同大写/小写字母代表差异显著，相同的大写/小写字母代表无显著差异。

表 9-3　不同类型肥料施用处理下土壤及蔬菜（以鲜重计）重金属含量

肥料类型	Cd 土壤/mg·kg⁻¹	Cd 蔬菜/μg·kg⁻¹	Cr 土壤/mg·kg⁻¹	Cr 蔬菜/μg·kg⁻¹	Cu 土壤/mg·kg⁻¹	Cu 蔬菜/μg·kg⁻¹	Pb 土壤/mg·kg⁻¹	Pb 蔬菜/μg·kg⁻¹	Ni 土壤/mg·kg⁻¹	Ni 蔬菜/μg·kg⁻¹	Zn 土壤/mg·kg⁻¹	Zn 蔬菜/μg·kg⁻¹
猪类	0.94b	15.2A	67.0b	17.3C	50.8a	770A	18.2a	17.2A	25.3a	155C	102.2a	2 560AB
鸡类	0.69c	12.1B	69.4ab	18.9C	29.6c	736B	18.5a	18.1A	25.8a	280B	76.7b	2 107B
马牛类秸秆	0.60c	7.9C	58.0c	21.3A	24.8c	443C	15.6c	5.93B	22.8b	146C	70.7c	1 992B
人粪尿	1.33a	16.2A	72.4a	39.4B	39.9ab	784A	21.3a	15.9AB	25.7a	390A	96.6a	3 178A

注：以上数值为平均值；同一列不同大写/小写字母代表差异显著，相同的大写/小写字母代表无显著差异。

Cr 含量与有机肥施用水平间均呈现极显著相关（$P < 0.01$），蔬菜 Cr 含量与有机肥用量的关系可用线性方程拟合（$Y = 0.002\,4x + 0.006\,8$，$P < 0.01$，$R^2 = 0.243\,3$，Y 为蔬菜 Cr 含量/mg·kg^{-1}，X 为有机肥用量/t·hm^{-2}·a^{-1}）。这表明随着有机肥施用量的增加，蔬菜体内 Cr 含量也显著升高。而蔬菜其他重金属含量与有机肥施用水平及总用量间暂未发现显著相关关系。由此看来，化肥和有机肥的施用，是导致土壤和蔬菜中重金属含量增加的重要因素。

从设施菜地农业投入品来看，肥料施用类型、品质和用量是影响设施菜地重金属累积的关键因素。其中，猪粪、人粪尿、鸡粪等有机肥源是四平市设施土壤蔬菜系统中重金属含量累积的主控因子。根据采样期间的肥料调查结果，不同类型肥料均不同程度地携带各种重金属，其中猪粪 Cd 含量最高，其值为 1.8mg·kg^{-1}，Cu 和 Zn 的含量分别高达 338.0、526.9mg·kg^{-1}，均大大高于鸡粪、马牛粪/秸秆肥料，从而导致相应的土壤和蔬菜中重金属含量均较高。据报道，澳大利亚由于畜禽有机肥的反复施用，导致土壤中 Cd、Zn 含量的升高，蔬菜中 Cd、Zn 含量也同步增加。若以表 7 - 6 中、有机肥重金属平均含量为基础，有机肥平均用量 114.6t·hm^{-2}·a^{-1} 计算，则 Cd 年输入通量为 0.073kg·hm^{-2}·a^{-1}，类似地可得 Cu、Zn、Pb、Cr、Ni 的年输入通量依次为 16.5、44.9、1.4、3.6、2.0 kg·hm^{-2}·a^{-1}，若以最高有机肥施用量 500t·hm^{-2} 且以猪粪计算，则年输入通量依次为 Cd 0.6kg·hm^{-2}·a^{-1}、Cu 169.0kg·hm^{-2}·a^{-1}、Zn 263.4 kg·hm^{-2}·a^{-1}、Pb 5.5kg·hm^{-2}·a^{-1}、Cr 14.4kg·hm^{-2}·a^{-1}、Ni 14.4kg·hm^{-2}·a^{-1}，近年来越来越多的研究认为畜禽有机肥已成为农田重金属累积的主导因素。根据 Bolan 等人对新西兰的相关研究结果表明，长期将奶牛场的粪尿施用于土壤，导致相应土壤中 Cu 的输入量分别达 73.7kg·hm^{-2}、31.5kg·hm^{-2}；而饲料添加剂的无序使用则是畜禽有机肥中重金属含量超高的元凶。根据 Mohanna and Nys 的研究报道，将饲料添加剂中日常的 Zn 用量从 190mg·kg^{-1} 减少至 65mg·kg^{-1} 时，畜禽粪便中 Zn 含量下降幅度为 75%，因而为预防畜禽有机肥施用导致的设施土壤 – 蔬菜重金属累积风险，从畜禽养殖饲料的源头控制显得至关重要。从不同类型有机肥的施用效果看，李莲芳等对山东寿光设施菜地土壤的研究表明，施用豆粕相对于施用猪粪和鸡粪，可利于减轻 Cu 和 Zn 的累积。

四、不同蔬菜对重金属富集能力差异

值得注意的是，不同类别有机肥施用后，造成土壤重金属累积与蔬菜富集重金属的规律并不相同，这可能与不同蔬菜品种吸收能力、不同有机肥中重金属含量差异、不同类别肥料施用后溶解性有机质差异等因素导致土壤重金属活性不一等多种因素有关。本研究中蔬菜重金属超标状况与土壤重金属超标的规律不尽一致。其中，尤以 Cd 更为明显，当土壤 Cd 样本超标率为 43.8% 时，仅 3.8% 的蔬菜样本 Cd 含量超过污染物限量标准；与此相似，对 Pb 而言，设施菜地 Pb 含量均未超过土壤环境质量 II 级标准，却依然存在 2.6% 的蔬菜可食部位超标的现象。从不同蔬菜对重金属的富集能力看，蔬菜 Cd 富集系数按高低排序为：辣椒（0.335）＞芹菜（0.175）＞西红柿（0.109）＞黄瓜（0.034）＞豆角（0.027）；Cu 富集系数由高至低顺序为：辣椒（0.075）＞芹菜（0.049）＞豆角（0.041）＞西红柿（0.037）＞黄瓜（0.013）；Ni 富集系数排序为：辣椒＞豆角＞芹菜＞黄瓜＞西红柿。Pb 的富集系数排序为：辣椒＞芹菜＞豆角＞西红柿＞黄瓜。种植黄瓜和西红柿等富集系数低的作物更利于减低风险。当然农产品中重金属累积过程还与土壤基本性质密切相关。植物 Cd 含量与土壤 Cd 间呈显著相关关系。植物 Cu 与土壤有机质、TN 和 TK 间均显著相关，植物 Pb 与有机质、TN 间相关性显著；植物 Cr 含量与土壤 pH 呈显著负相关，这与一些研究报道认为 pH 对土壤作物间重金属的转移影响较大的结论相吻合（Hao et al，2009；Huang et al，2011）。

由此可见，不同肥料类型、设施年限对于设施菜地土壤和蔬菜重金属的累积影响非常大。选择马牛粪/秸秆类优质肥料施用于设施菜地，对减缓土壤重金属累积及蔬菜重金属含量的增加有重要意义，而施用人粪尿和猪粪等则导致土壤和蔬菜富集重金属的趋势加重。与此同时，随着设施利用年限的增加，土壤和蔬菜重金属的风险普遍增加。为了保障设施土壤环境和设施蔬菜的食用安全，施用优质的有机肥、化肥和农药，同时减少农用物资的超量投入，配合低吸收作物的种植，显得十分重要。

小　结

通过对吉林四平市设施土壤蔬菜系统重金属含量及富集特征的分析，

主要得到如下结论。

（1）与土壤环境质量 II 级标准比较，四平设施土壤 Cd 超标较重，相应蔬菜表现为轻微的 Cd 和 Pb 超标，其他重金属均未发现超标现象，蔬菜总体品质良好。不同类型的蔬菜对重金属的吸收能力表现各异，其中辣椒和芹菜对重金属吸收能力强，豆角、西红柿和黄瓜吸收能力较弱，适合当地种植。

（2）随着设施年限的增加，土壤重金属累积程度加重，除 Pb 外，相应蔬菜重金属含量呈现不同程度的增加趋势。肥料类型和品质对土壤和蔬菜重金属含量的影响较大，施用猪粪、人粪尿导致土壤中 Cd、Cu、Zn 等重金属累积增加，施用马牛粪/秸秆类肥料时土壤和蔬菜可食部位重金属含量较低。

（3）农用物资的投入水平直接影响着土壤和蔬菜中重金属含量的高低，化肥施用水平与土壤 Cd 和 Cu 含量显著正相关（$P < 0.05$），蔬菜重金属含量与有机肥施用水平间正相关，其中以 Cr 最为显著（$P < 0.05$），随着有机肥用量的增加，蔬菜累积重金属的健康风险持续增加。

第十章 设施菜地重金属累积防控策略

基于前述对北方典型区域吉林四平、山东寿光、河南商丘、甘肃武威设施菜地重金属的演变趋势、累积规律、淋溶风险及累积成因等方面的研究结果，我国北方设施菜地各重金属均出现了不同程度的累积趋势，且局部范围某些重金属已经出现明显超标，这理应引起社会各界的广泛关注。若不及时采取合理的防控对策，设施菜地重金属累积超标甚至污染的趋势不可逆转，对我国菜篮子工程建设以及农业的健康持续稳定发展将形成日趋严峻的挑战，可能演化成为影响国计民生的重大环境灾难。鉴于此，针对设施菜地这类特殊的农业生态系统的生产特点，可从多角度、多途径解决问题出发，采取一系列必要的对策与措施，切实缓解设施菜地重金属的累积。总体来说，主要采取源头监控、过程阻断和末端修复的方法。

一、源头监控

1. 工矿业/城市污染源

就传统意义上的农田土壤污染源来说，主要来自工矿业"三废"排放后的废水、废气和废渣的污染，随着城市化的发展和城乡一体化建设的稳步推进，越来越多的城镇垃圾（商业/生活）、生活污水也正不断进入农田，也正成为耕地质量退化、农业生产产地环境恶化的重要原因。在我国尤其是广大的北方地区，由于水资源先天不足，多年来污水灌溉成为农业生产重要的水源补给途径，但长期的污水灌溉给我国不少地区的农田环境和农产品安全构成严重影响。目前，已有很多因污水灌溉导致农田重金属污染和农产品重金属超标的报道，在沈阳张士灌区，迄今已有 30 多年的污水灌溉历史，由于灌溉水质不达标、污灌时间长，造成菜地土壤 Cd、Hg 的含量超标（张勇，2001）；河北邢台污灌区中心区域的菜地土壤 Cd 平均含量已超过国家标准数倍（苏振旺，刘保丰，1996）；因污水灌溉，广东茂名的

3 333hm² 耕地重金属含量超标，1982—1997 年的 15 年间，灌区土壤 Cd 和 Pb 的含量分别比本底值增加了 324% 和 141%（林玉锁，2004）。因而，污水灌溉已成为我国耕地土壤重金属含量升高的主要原因之一。与此同时，在南方尤其是在"广西、湖南、江西"等有色金属储量丰富的省份，因排放大量选矿废水及尾矿渣而造成周边农田污染的现象较为普遍（肖细元等，2008），株洲冶炼厂、沈阳冶炼厂等大型冶炼企业可使重金属镉、铅随烟尘扩散进入农田土壤中（吴堑虹等，2007）。此外，一些区域施用城市污泥或用城市垃圾制成的商业堆肥后，导致农田重金属超标的现象也常被报道。由于这些原因，导致土壤环境重金属含量超标的现象时有发生，因而，对设施大棚的初期建设及选址上，就应考察周边环境，尽量远离这些污染源，保证农田土壤质量的安全，对于设施蔬菜地，应按照我国产地环境安全的要求选址，使该地块上生产出的蔬菜能让老百姓安全放心。

2. 农业污染源

（1）减少饲料添加剂中微量元素的使用，强化饲料质量安全管理，提升有机肥质量

除了城市化、工业化过程带来的各种污染源之外，随着现代农业的高速发展，我国正处于由传统农业向现代化农业转型的过程中，农业自身的发展也给产地环境带来日益增加的不安全因素。尤其是现代设施栽培农业的发展，需要依靠高量农业生产资料的投入来换取高效益的产出，对农艺生产资料的过分投入导致了大量农业需求物质（肥料、农药、农膜等）在商品化过程中的不安全因素增加。近年来，随着设施农业的发展，大量的商品有机肥和化肥被用于农田，而这些商品有机肥的原料往往来自规模化畜禽养殖场，而在养殖业高度集约化规模化发展的今天，养殖农场主为了追求短期的经济利润，在畜禽饲料中往往添加洛克沙胂及含铜、锌等重金属的化学物质（韩杰，杨群辉，2010），这些被携带的重金属最终通过动物排泄物（畜禽粪便）以有机肥的形式进入农田，导致设施农田重金属的累积成为可能。据统计，全国每年使用微量元素为 15 万 ~ 18 万 t，而大约有 10 万 t 左右没有被吸收利用，随着粪便排出体外而污染环境（张树清等，2006）。

从 20 世纪 80 年代初至今，随着我国养殖业近 30 年的持续发展，规模化、集约化已成为其主要形式（姜萍等，2010）。为防治畜禽疾病、促进生长和提高饲料利用率，大量的微量元素被添加到畜禽的饲料中。由于畜禽

对微量元素的利用率较低，致使大部分随畜禽粪便排出体外（姚丽贤等，2006）。目前我国每年畜禽养殖规模不断增加，每年排放的畜禽粪便总量已超过 30.00 亿 t（苑亚茹，2008），直接和间接还田利用的畜禽粪便占排放量的 60% 以上（彭奎等，2001）。若长期施用微量元素含量较高的畜禽粪便源有机肥，势必导致土壤—植物系统中微量元素含量增加（Mulchi $et\ al$，1991），最终危及到我国的食品与环境安全。

猪肉是我国居民肉类消费的主要品种，猪饲料的生产在我国饲料行业中占有很大的比重，2008 年猪饲料生产占我国饲料总产量的 1/3（许梓荣，2001）。长期以来，出于促进猪的生长及提升抗病能力等多方面的考虑，重金属元素往往大量添加到饲料中。如为了提高猪生长速度和饲料利用率（谢梅冬等，2010；邹曜宇，2010），铜作为一种促生长添加剂在养猪业中被广泛应用（佟建明，2007），猪日粮中铜的推荐量为 55～70mg·kg^{-1}，高铜饲料中的铜添加可达推荐量的 10 倍，目前普遍应用的高铜日粮饲料的铜含量为 125～250mg·kg^{-1}（柏云江，2010）。同样，锌的添加一方面促进断奶仔猪生长（杨永生，2007；Hahn, David，1993），改善猪的味觉性能，另一方面，可显著提高采食量和采食速度，使猪的腹泻明显降低，而且改善皮肤颜色。猪日粮中锌的添加剂量一般为 2 500～4 000mg·kg^{-1}。从镉的情况看，饲料添加剂中的矿物质以及微量元素添加剂如饲用磷酸盐、石粉等是造成饲料镉污染的主要原因（周绪霞，李卫芬，2004），部分企业由于使用了廉价质差的饲料原料，更加剧了饲料的镉污染（余萍，2010）。有调查资料显示，湖南省部分地区的绝大部分饲料中镉含量超过了国家饲料卫生标准的要求（袁慧等，1997）。而砷制剂能够舒张猪的毛细血管、增加其通透性和体重，采食后表现为皮肤发红，并且对治疗和防治猪的下痢、腹泻有疗效（董彦莉等，2008）。由于不少饲料厂家只片面强调有机砷制剂对猪的益处，致使近年来其应用范围越来越广，添加剂量日趋增高（于炎湖，2002）。而猪对砷的吸收率低，通过粪尿排出体外，导致终端受体农田中重金属对风险持续加大。

据黄磊等（2011）的研究结果，饲料中添加的绝大部分铜很难被猪吸收利用，北京市养殖场育肥猪对铜的吸收率普遍 <5%，仔猪普遍 <15%。从不同品种猪粪重金属含量看，仔猪粪中铜的含量水平为 559～1 170mg·kg^{-1}，育肥猪粪为 333～904mg·kg^{-1}，种猪粪为 244～876mg·kg^{-1}。根据德国粪肥质量标准（铜的最大允许浓度为 200mg·kg^{-1}），当地猪粪铜含量超标率为 100%，仔猪粪中铜含量最高的样品甚至超过此标准 4 倍多。已

有研究表明：当猪饲料日粮中铜的添加剂量为200mg·kg^{-1}时，铜的吸收利用率为3.96%；当添加剂量为300mg·kg^{-1}时，铜的吸收利用率只有1.05%（李焕江，2008），猪饲料中铜添加剂量越高，粪便中的铜含量就越高；与此相似，从北京规模化养殖场不同饲养阶段的猪粪中锌含量看，仔猪粪最高（716~1 860mg·kg^{-1}，其次为育肥猪粪（526~935mg·kg^{-1}），种猪粪最低（402~910mg·kg^{-1}）。与德国粪肥质量标准中锌的最大允许浓度400mg·kg^{-1}比较，北京市养殖场仔猪粪锌的高值超出标准3倍以上。有文献报道，通过饲喂添加含3 000mg·kg^{-1}锌的饲料，经猪体消化吸收后，猪粪中每日排出的锌含量是饲喂基础日粮的33倍（辜玉红等，2004）；从镉的情况看，已有研究表明被猪摄入体内的镉80%以上会通过粪便排出体外（钟宁，姜洁凌，2005），据北京市的调查结果，其规模化养殖场猪粪镉的含量范围为（0.09~2.00mg·kg^{-1}），以种猪粪镉含量较高，且饲养时间越长，猪粪的镉污染越严重；从北京市养殖场不同类型猪粪中砷含量看，育肥猪粪中砷的含量最高（37.2~104mg·kg^{-1}），其次为仔猪粪（10.80~41.60mg·kg^{-1}）和种猪粪（2.40~17.50mg·kg^{-1}，我国有机肥料质量标准中砷的最大允许浓度为30mg·kg^{-1}，北京市调查结果显示育肥猪粪样品砷含量超标率为100%，仔猪粪样品的砷超标率也高达33%，饲料中大量砷制剂的添加会成为土地利用和有机肥料生产的瓶颈，据估算，若猪饲料中阿散酸的添加剂量为100mg·kg^{-1}，一个10万头猪场每年将有1.25 t砷随猪粪进入土壤–植物生产系统（邹曜宇，2010），由此可见，饲料添加剂中无序添加重金属直接导致畜禽粪便中重金属的大量排放，一旦畜禽粪便直接施用或者将其加工成商品化有机肥，最终均会进入农业生产系统，必然导致土壤重金属的累积及作物中重金属含量的升高。

因而，从源头上减少饲料添加剂尤其是含高量重金属饲料添加剂的使用，同时应在有机肥生产过程中将重金属进行有效去除，提升有机肥的质量，从源头上控制重金属进入农田系统显得至关重要。

（2）加强化肥质量的监管监督，使用优质安全化肥

化肥中也可能会含有一些重金属，如磷肥中往往含有Cd等重金属，我国虽然除个别省份外，磷肥中重金属含量普遍不高，鲁如坤等（1992）对我国主要磷矿石67个标本进行测定的Cd含量为0.1~571mg·kg^{-1}，大部分含量为0.2~2.5mg·kg^{-1}，平均含量为15.3mg·kg^{-1}，其中有55个磷矿石样本的含量平均值为0.98mg·kg^{-1}，30个磷肥样品平均含镉0.60±0.63mg·kg^{-1} Cd。其中普钙中镉平均含量为0.75±0.65mg·kg^{-1}，钙镁磷肥

中含镉为 $0.11 \pm 0.03mg \cdot kg^{-1}$。且根据我国磷肥通常用量和作物吸镉特点，认为长期施用国产磷肥，不至于产生污染环境问题。但从国际上看，美国磷肥中 Cd 含量为 $7.4 \sim 15.6mg \cdot kg^{-1}$，加拿大的为 $2.1 \sim 9.3mg \cdot kg^{-1}$，澳大利亚为 $18 \sim 91mg \cdot kg^{-1}$，均大大高于我国的水平。随着我国加入 WTO，国外一些重金属含量高的磷肥近年来不断进入国内市场，对我国农田环境质量构成威胁。据报道，多年来，磷肥之所以成为农田镉污染的主要原因是由于有些磷肥中含高量的镉。据估计，全球磷肥中平均含镉量 $7mg \cdot kg^{-1}$，给全球带入约 660 000kg 镉。

(3) 积极发展绿肥，提升耕地地力

绿肥作物在促进农牧副业中起着十分积极的作用，它是最清洁的有机肥资源，没有重金属、抗生素等其他有毒有害物质，具有培肥土壤、改良土壤、改善生态环境等重要功效，在一定程度上可部分甚至全部取代有机肥和化肥，维持农业生产的可持续发展。

农谚有"绿肥是个宝，增肥又改土，1 年红花草，3 年田脚好"等说法。豆科绿肥能够增加耕层土壤养份。豆科绿肥鲜草含氮量在 0.45% 左右，若每公顷施 $15 \sim 30t$ 土豆科绿肥的鲜草，就施入了 $67.5 \sim 130kg$ 的纯氮。生长良好的紫云英、苕子等绿肥，一般可产鲜草 $2 \sim 2.5kg \cdot hm^{-2}$。豆科绿肥作物中总氮量的 67%，是由共生根瘤菌固氮作用而获得的空气中的游离氮。种植 $1hm^2$ 豆科绿肥，产鲜草 $30 \sim 37.5t$，可固定空气中游离氮 $90 \sim 112.5kg$，相当于 $525 \sim 660kg$ 碳酸氢铵的含氮量（方珊清等，2004）。种植豆科绿肥植物能加速农业生态中的氮素循环。非豆科绿肥，虽不具备生物固氮能力，但能通过强大的根系吸收土壤深层中和水中的氮素，并集于体内，通过利用富集于耕作层中，以利保蓄氮素和后茬作物对氮的吸收利用，避免了氮素流失而污染环境。绿肥作物能够改善土壤肥力状况，而土壤中有机质含量的多寡是反映土壤肥力的重要指标之一，绿肥平均亩产鲜草 $1\ 500 \sim 2\ 000kg$，相当于为农田提供有机物 $300 \sim 400kg$、氮 $5 \sim 7kg$、磷（P_2O_5）$0.6 \sim 1kg$、钾（K_2O）$4 \sim 6kg$。豆科绿肥从空气中固定氮素，同时将土壤中难溶性磷和缓效性钾通过有机体吸收转化为有效养分，这些养分比化肥中的养分更利于作物吸收。据全国 143 个野外定位点试验表明，绿肥压青后，由于土壤养分条件的改善，当季平均增产粮食 $30 \sim 50kg \cdot 亩^{-1}$，还有 $2 \sim 3$ 年的后效，增产效果显著（徐晶莹，2011）。据估计，每施用 1 000kg 鲜绿肥，可相当于 10.8kg 尿素、8.1kg 普钙和 8.4kg 硫酸钾的肥效。与此同时，绿肥种植还田伴随着有机质的增加，将有利于土壤理化性状和生物性状对改善，使土壤疏松多孔、容量变小、通气性和持水性增强，耕性编号，地力水平提高（曹文，2000）。

由于温室土壤条件处于一个相对特殊的生态环境，如何维护和不断提高温室条件下的土壤肥力是生产中急待解决的难题，而且设施土壤是一类高投入高产出的系统，如何维持土地高强度开发利用情况下的设施土壤地力，是设施土壤可持续利用和设施农业可持续生产的重要前提。根据胡晓珊的研究结果，在夏季休闲期栽培豆科（绿豆、田菁、印度豇豆）、禾本科（甜玉米、高丹草）和苋科（籽粒苋）六种绿肥，并采取全量翻压还田和根茬还田两种利用方式进行试验，结果发现绿肥全量还田后，表层 0～20cm 土壤全氮和速效钾含量明显增加，禾本科处理全氮含量增幅较翻压前增加 32.5%，苋科处理速效钾含量较翻压前增加 75.7%，土壤有机质和微生物量 C 及微生物量 N 均呈不断增加趋势，同时种植绿肥大幅降低了土壤的 EC 值，改善了温室土壤的盐渍化现象，同时还能提高作物产量，绿肥还田能大大增加果实 Vc 含量和可溶性糖含量，从而改善作物品质，减少了溶解性有机炭、溶解性有机氮与无机氮的淋失。进一步的研究表明（胡晓珊等，2015），低肥力土壤建议采用生物量适中的豆科作物并尽可能全量还田，以发挥其固氮效果及对土壤的养分供应能力；而高肥力温室土壤中要着重考虑环境风险，应当选择籽粒苋、高丹草等根系较深、生物量大的夏季绿肥作物作为填闲作物，同时结合后茬蔬菜的施肥措施来决定绿肥还田量，获得良好对社会效益及生态环境效益，也是提升设施土壤质量从根本上减少重金属的输入，不仅为防治温室大棚蔬菜生产中土壤肥力衰减提供可参考的途径，同时也是值得在设施菜地推广应用的农业清洁生产技术。

从多个区域的情况看，含重金属的有机肥和化肥的施用是导致设施菜地重金属累积的重要原因。因而，为进行设施菜地重金属的源头控制，必须坚持以下几点。第一，加强对养殖业含重金属饲料添加剂的严格规范管理，鼓励养殖企业标准化零排放生产，严厉打击滥用添加剂的行为，必要时可给予刑事和经济处罚；第二，尽快建立和健全我国农用物资尤其是商品有机肥和化肥中重金属的限量标准体系，使得进行设施蔬菜生产农户和农资生产厂家、农资供应商等多方面有据可查，为危害环境的刑事犯罪提供合法的科学依据；第三，对肥料的使用需进行严格把关并加强对商品肥（尤其有机肥、磷肥和复合肥）生产原料和肥料产品的检测，限制不达标的肥料进入流通市场，对不合格的肥料/原料和生产厂商进行查封处理，从源头上杜绝含重金属的农业投入品进入农田；第四，明确在设施栽培情况下不同类型作物对养分的需求规律，根据作物的需求规律进行合理施肥，减少大水大肥现象，在进行充分科学研究的基础上尊重科学事实和发展规律，考虑在维持作物正常生长情况下如何节约农业生产成本，减少不必要的农业投入品尤其是肥料的浪费。第五，改善农田的施肥结构，比如多施用植物秸秆类肥料、少施用来自于动物畜禽粪便的有机肥，大力发展填闲绿肥种植，在保证高产出的同时提高菜田地力，将设施菜地的用地养地结合，最终实现设施蔬菜的清洁生产，切断农田重金属输入的来源。第六，加强对设施菜地对重金属环境容量的研究，并依据设施菜地对重金属的最大环境容量，进行肥料施用量的控制，有计划有步骤分阶段地科学施肥，这是控制设施菜地重金属累积的十分重要的环节。第七，加强设施菜地土壤和农产品中重金属含量的定期监测，掌握农田重金属累积的规律和作物中重金属的含量特征，并进行土壤重金属累积超标的风险预报，保障设施菜地重金属含量在安全限量值范围内。

二、过程阻控

如何消除环境中的重金属污染已成为世界性难题，由于土壤中的重金属具有长期性、不可降解性、潜在风险及不可逆性等特点，减少和控制作物产品中有毒重金属的积累与耐重金属毒害日益受到重视。近年来，对已被有毒重金属污染的土壤，选择种植对重金属吸收和积累较少的作物品种，尤其是选育耐有毒重金属且食用器官积累少的作物新品系，在重金属污染区推广种植，同时研究低吸收的遗传机制及基因定位，并通过基因工程等分子生物学技术，培育出抗性强、吸收少、产量高、品质好的作物品种，以保证重金属污染条件下的作物安全生产，减少重金属向人畜迁移与危害，被认为是比较有效的途径，已成为学科研究热点与发展方向。大量报道认为，作物对有毒重金属的积累和耐性以及植物品种间和基因型之间存在着明显的差异（Florijn，1993；Hemisaari，1999；Zhang，2000）。Arthur（2000）根据体内 Cd 积累量把植物分为：低积累型如豆科植物；中等积累型如禾本科植物；高积累型如十字花科。以镉为例，据研究，玉米（Florijn，1993）、小麦、水稻（Oliver，1995）等作物在镉吸收和积累的品种间存在显著差异。在水稻上，吴启堂（1999）也报道过镉积累不同品种间存在显著差异，其差异可达 1 倍以上，为选育低积累的水稻品种奠定基础。张永志等（2009）通过盆栽试验探讨了叶菜类、茄果类、根茎类、瓜类蔬菜的

16 个品种对土壤 Hg、As、Pb、Cd 的吸收富集规律，根据重金属低积累蔬菜的判定标准，筛选出 Hg、As、Pb、Cd 的低积累蔬菜品种，其中，As、Cd 和 Hg 低积累品种为津优 1 号、浙蒲 2 号，而杭州本地香和杭州长瓜是 As、Pb、Cd 和 Hg 低积累品种，白玉春、浙杂 203 和 FA - 189 是 Cd 和 Hg 低积累品种，早熟 5 号、抗热 605 和上海青是 Hg 低积累品种，杭茄 1 号和引茄 1 号是 As、Pb、Hg 低积累品种，丰秀是 Pb 和 Hg 低积累品种。因而，利用作物遗传特性和对重金属积累特性的差异，可利用低吸收作物种植可实现重金属超标菜地土壤的安全农用。

从污染菜田继续用作农田种植蔬菜的实际出发，根据蔬菜种类较多，而且各种蔬菜的重金属富集强弱不一的特点，合理安排蔬菜种类，进行种植制度的调整成为降低重金属污染风险的重要途径。一般来说，叶菜类较其他类别的蔬菜污染严重，蔬菜中重金属含量大小顺序为：叶菜类＞根茎类＞瓜果类。据相关研究结果表明（刘芬，1998），蔬菜中镉的含量比大米高近 5 倍，辣椒和蕹菜中的镉含量相差约 17 倍。在镉污染的农田种植玉米、水稻而不种菠菜、小麦、大豆等吸镉量多的作物。在中、轻度重金属污染的土壤上，不种叶菜、块根类蔬菜而改种瓜果类蔬菜或果树等，能有效地降低农产品中重金属的浓度。已有研究结果表明（项雅玲等，1994），在镉污染土壤上种植苎麻能切断镉通过食物链进入人体，同时通过对镉污染土壤的利用，获得良好的环境效益、经济效益和社会效益。改变种植制度成为重金属污染高风险土壤安全利用的又一重要措施。从抑制和降低菜地土壤中重金属的活性出发，研制使用各种调理剂，可减少重金属进入农产品，降低重金属经农产品进入食物链后的安全风险。有研究表明，硅肥不仅本身不产生土壤污染，而且可以降低植物对重金属的吸收，通过增施硅亦能明显降低水稻根部吸收的 Cd 向地上部迁移的量，施硅肥后，糙米镉、稻草镉含量均大大降低，随着硅肥施用量的增加，抑制作用增强。曹仁林等人试验得出镉污染的土壤上用硅肥 $1.5kg \cdot m^{-2}$ 时抑制水稻吸收镉的效果最佳，同时发现钙镁磷肥用量在 $1.5kg \cdot m^{-2}$ 时，不仅可显著提高土壤 pH，降低土壤中有效态镉含量和水稻镉含量，还可使水稻增产。林匡飞连续几年对各种改良剂进行筛选，在污染区进行小区和大区对比试验，选出钙镁磷肥和硅肥混合施用的组合，该组合可以使糙米中的镉含量相对下降 72.1% ~ 84.2%（林匡飞等，1994）。在镉污染不太严重的地区，施用硅肥可以防止重金属污染。肖振林和李延（2003）的研究表明，施用钙镁磷肥、猪粪、粉煤灰不仅可降低土壤有效态镉的含量，还能降低植株镉含量，促进小白菜的养分吸收，提高小白菜产量。Tiller、Mclanghin（1997）曾对镉－锌交互效应作过详细的研究，发现在缺锌的条件下，可通过小剂量的补施锌肥，可降低禾谷类作物子粒中镉含量，对于块茎类作物在某种程度上也受土壤锌含量的影响。另外，有报道称（周青等，1998），镧对大豆幼苗的镉毒害也有一定的修复功能。

　　坚持预防为主、综合治理，强化从源头防治污染，坚决改变先污染后治理、边治理边污染的状况，加快对相关环境污染危害事件进行依法处理，因而首先必须进一步加强环境立法，控制污染物的超标排放，从源头控制污染，并严格执法。遏制污染物进入农田导致环境的恶化，尤其是一些人类生产生活活动可能对农田环境产生的潜在危害，应在大量科学研究的基础上利用相关技术成果进行有效评估。在设施菜地重金属累积超标防控方面，由于重金属污染往往具有不可逆性、滞后性、潜在危害性和污染后难恢复的特性，因而应突出从事后治理向事前保护转变，强化源头污染控制，改变先污染后治理、边治理边污染的状况，彻底从根源上扭转生态恶化趋势。与此同时，对于在农业生产过程中主动采取减污的农业清洁生产技术，使用生产安全程度高的农业投入品以及生产出安全等级高的农产品的农户，国家可实施一定的政策扶持和经济补贴，对于向农田环境排污的单位和个人、对于生产和使用不利于农业环境质量改善的农用物资的商家和农户、以及采取的落后生产方式可对环境构成潜在危害的企业或农户，征收环境税，使其承担相应的环境经济损失，必要时甚至追究相关法律责任。确实贯彻好"谁污染谁治理"环境管理制度，除传统污染源外，将农业生产过程本身可能带来的环境影响纳入我国环境管理及法规范畴，同时加强对设施菜地土壤的定期抽样监测与风险预警平台建设，将农业生产过程中农业源的风险管控落到实处。

三、土壤重金属污染修复

　　一般说来，重金属污染土壤的治理途径有 2 种：一种是将污染物清除，即去污染（decontaminauon）；另一种是改变重金属在土壤中的存在形态，使其固定，将污染物的活性降低，减少在土壤中的迁移性和生物可利用性，即稳定化（stabilization）。围绕这 2 种途径产生了不同的治理措施和方法。对于重金属累积超标甚至严重污染的设施菜地，可以采用一系列科学而实用的手段和技术方法，进行重金属污染土壤的修复，主要包括以下几类：

物理修复、化学修复、生物修复。物理修复主要是采取工程措施，如客土法，一般工程量大，成本高，且存在清洁土源和污染土的处理问题，对于严重污染的场地有一定应用价值。而对于中轻度污染的农田，采用化学修复、生物修复具有较好的应用前景。

化学修复法主要利用化学钝化技术，即向土壤添加化学物质，通过改变土壤 pH 值，增加吸附点位和促进重金属离子与土壤其他组分（包括修复材料）的共沉淀等过程而降低重金属生物有效性的技术。化学钝化法的关键在于成功地选择一种经济而有效的钝化剂，钝化材料主要包括粘土矿物（如针铁矿、磁铁矿、高岭土、斑脱土、蒙脱土等）、化学肥料（如磷肥）、有机肥（如秸秆、堆肥等）和天然化学材料（如石灰、磷灰石、沸石）等。化学钝化法的关键是需要根据不同土壤重金属污染的特点，选择针对性强的化学修复材料。Álvarez – Ayuso（2003）通过研究海泡石对因矿业活动导致的重金属污染土壤的修复效果，发现海泡石对 Pb、Cu、Zn、Cd 存在强烈的吸附作用，且 4% 海泡石处理的 Pb、Cu、Zn、Cd 的淋失量分别减少了50%、59%、52%、66%；Krishan & Joergenson（2002）比较了用沸石、堆肥、$CaCO_3$、沸石 + $CaCO_3$、堆肥 + $CaCO_3$ 及沸石 + 堆肥 + $CaCO_3$ 联合处理 Pb 工厂的垃圾堆存处的 Pb 污染土壤的修复效果，发现施用 $CaCO_3$ 的处理中 $NH_4 – NO_3$ 可提取态的 Pb 减少了 99%，单一沸石处理减少了 69%，堆肥处理仅减少了 10%。张亚丽（2001）研究了猪粪、稻草、麦秆对 Cd 污染土壤的改良效应，发现有机肥的施用也明显降低了污染土壤中 Cd 的有效性. David（2005）探讨了含 P 材料改良 Pb、Zn 污染土壤及对植物 Eisenia fetida 的 Pb、Zn 生物可利用效果，发现施用磷酸氢钙使土壤浓度为 5 000mg P/kg 可明显降低 Pb 和 Zn 的生物有效性。王新和吴燕玉（1995）等采用田间实验并添加外源重金属的方法，研究改性措施对复合污染土壤重金属行为的影响，发现采用石灰能使土壤交换态 Cd、Pb、Zn 的量减少，碳酸盐结合态增加，可被植物吸收的有效态含量降低。化学方法是在当今正发展中的一类处理土壤重金属污染问题的有效手段，尤其是对于污染程度较轻的土壤如具有一定累积但超标程度较轻的设施菜地，前景广阔。

生物修复法主要通过 2 种途径来达到净化土壤中重金属的的目的：①通过生物作用，改变重金属在土壤中的化学形态，使重金属固定或解毒，降低其在土壤环境中的移动性和生物可利用性；②通过生物吸收、代谢，达到对重金属的削减、净化与固定（俄胜哲，2009）。在我国污染修复领域，利用超富集植物修复重金属污染土壤的研究相对于其他技术而言，起步较早，但相关技术的发展总是停滞不前。该方法主要是通过种植生物量大的超富集植物并将其定期收获从而将重金属移出土壤。该技术虽然对于严重污染土壤具有一定的实际效果，但由于植物修复存在修复周期长、超富集植物的后续处理难及修复边际效益递减等问题，其在不断满足人们日益增长的物质生活需求上表现不足，难以被业界人士尤其是广大农民接受，因而在走向实际应用推广方面难度较大，特别是对于中国广泛存在的中低度污染的农田，其市场前景有限。

作为生物修复的重要技术手段之一，微生物修复是正在不断发展中的技术。它主要是利用土壤中某些微生物对重金属等污染物的吸收、沉淀、氧化还原等作用，从而降低土壤重金属等污染物毒性的技术。受到重金属污染的土壤，往往富集多种耐重金属等污染物的真菌和细菌，微生物可通过多种作用方式影响土壤重金属的毒性。微生物对土壤中重金属活性的影响主要表现在生物吸附和生物转化两方面。微生物对重金属的生物吸附机理主要表现在胞外络合作用（一些微生物能够产生胞外聚合物如多糖、糖蛋白、脂多糖等，具有大量的阴离子基团，与金属离子结合；某些微生物产生的代谢产物，如柠檬酸是一种有效的金属螯合剂，草酸则与金属形成不溶性草酸盐沉淀）、胞外沉淀作用（在厌氧条件下，硫酸盐还原菌及其他微生物产生的硫化氢与金属离子作用，形成不溶性的硫化物沉淀）以及胞内积累3种作用方式。与此同时，微生物对重金属具有很强的亲合吸附性能，有毒金属离子可以沉积在细胞的不同部位或结合到胞外基质上，或被轻度螯合在可溶性或不溶性生物多聚物上。Urrutia，Beveridge（1994）发现Cu、Cd 和 Pb 能以硅酸盐或氢氧化物形式结合在芽孢杆菌（Bacillus subtilis）细胞的表面。还有一些微生物可对重金属进行生物转化，其主要作用机理是微生物能够通过氧化、还原、甲基化和脱甲基化作用转化重金属，改变其毒性，从而形成了某些微生物对重金属的解毒机制。如假单胞杆菌（Pseudomonas）能使 As^{3+}、Fe^{2+}、Mn^{2+} 等发生氧化；在含高浓度重金属的污泥中，加入适量的硫，微生物即把硫氧化成硫酸盐，降低污泥的 pH 值，提高重金属的移动性；褐色小球菌（Micrococcus lactyicus）能还原 As^{5+}、Se^{4+}、Cu^{2+}、Mo^{2+}。因而，在重金属胁迫下，这些微生物能通过氧化、还原、甲基化和脱甲基化作用转化重金属，以自身生命活动积极地改变环境中重金属的存在状态，从而改变重金属的毒性。在当前的情况下，针对重金属的微生物修复制剂和成熟可靠的微生物修复技术十分缺乏，尚有广阔的发展前景。

一般说来，我国设施蔬菜基地的土壤环境条件优良，即使长期耕作出现重金属累积的土壤绝大部分仍处于中度或轻度污染状态，利用耕作制度调整的农艺措施有时也不失为一种理想的模式，如采取间/套作等的栽培方式或由粮食作物改种非食物链作物，在重金属超标的土壤上保证作物的安全生产，实现边生产边修复的理念。尤其是针对设施土壤，土壤酸化是造成重金属有效态增加的主因，控制土壤酸度也是解决重金属污染的方法之一。研发相应的农艺调控技术措施主要涉及提高土壤 pH 值、调节土壤土壤氧化还原电位、增施有机肥和增施拮抗离子等方面。对于农田重金属出现累积但中轻度污染的状况，应采取以防为主，防治结合的原则，贯彻整个农业生产活动中源头控制、过程阻断和末端治理的理念。对于尚未出现重金属超标问题的设施农田，采取源头控制的手段，从农用投入品的角度入手，限制重金属进入农田环境。对于已经出现累积超标问题的设施农田，可采取植物修复、化学调控和微生物等多种手段结合的方法，尤其是采用研制各种化学钝化调理剂、种植低吸收作物、改变种植制度及多种综合措施联合应用等方法，实现对设施土壤重金属累积风险有效防控的目的。

小　结

随着人们对食品安全意识的不断增强，消费安全放心的农产品已在全社会形成广泛共识，蔬菜产地环境重金属累积及其风险防控问题已引起政府部门、业界学者和广大民众的重视。鉴于设施菜地已经出现了重金属累积甚至超标现象，对设施菜地土壤重金属的累积主要采取源头控制、过程阻断和末端治理的策略，这需要全社会把好食品安全观。总体而言，应主要做到以下几点。

（1）从农业投入品着手，加强重金属源头控制。预防重金属通过投入品进入设施蔬菜生产系统，严格控制含高量重金属投入品的施用入农田，倡导农业投入品的绿色、安全无污染，研发设施蔬菜清洁生产技术，如利用绿肥种植回田提高耕地地力；同时执行行严格的市场准入和监督制度。依法打击饲料生产企业滥用重金属作为添加剂的无序行为，保障农业投入品数量和质量的双重安全。

（2）实施过程阻断。在农业生产过程中采取一些农艺调控措施和生态防控技术。如在重金属超标菜地中种植低吸收作物，或采取水肥调控等技术手段，或施用一些化学调理剂，使作物在生长期对重金属的吸收量大幅削减；或实行作物种植结构调整，如通过间套作、水旱轮作等措施降低作物对重金属的吸收；或将蔬菜改种经济作物，以免重金属通过食物链传递至人体带来严重的健康风险。

（3）实施土壤末端修复。对于重金属超标较重的土壤，采取可化学钝化修复及微生物修复等手段改变重金属的活性，降低土壤中重金属的移动性和作物吸收重金属的量，一方面保证农田的安全利用，另一方面保障获得安全放心的农产品，实现"边生产边修复"的理念，当然采取多种技术措施的综合治理，也往往是较为理想的选择。

参考文献

柏云江.2010.铜锌砷等过量对饲料安全的影响及对策 [J].现代畜牧兽医 (3)：55-57.

曹文.2000.绿肥生产与可持续发展 [J].中国人口·资源与环境，10：106-110.

陈芳，董元华，安琼，等.2005.长期肥料定位试验条件下土壤中重金属的含量变化 [J].土壤，37 (3)：308-311.

陈怀满，林玉锁，韩凤祥，等.1996.土壤-植物系统中的重金属污染 [M].北京：科学出版社.

陈继兰，赵玲，侯水生，等.1994.砷制剂对肉仔鸡的促生长效果试验 [J].中国饲料，9：23-24.

陈同斌，陈志军.2002.水溶性有机质对土壤中镉吸附行为的影响 [J].应用生态学报，13 (2)：183-186.

陈永，黄标，胡文友，等.2013.设施蔬菜生产系统重金属积累特征及生态效应 [J].土壤学报，5 (4)：693-702.

党菊香，郭文龙，郭俊炜，等.2004.不同种植年限蔬菜大棚土壤盐分累积及硝态氮迁移规律 [J].中国农学通报，20 (6)：189-191.

董彦莉，赵超，崔晓娜，等.2008.化学元素砷与畜禽生产 [J].今日畜牧兽医，1：61-62.

俄胜哲，杨思存，崔云玲，等.2009.我国土壤重金属污染现状及生物修复技术研究进展 [J].安徽农业科学，37 (19)：9 104-9 106.

方珊清，孙时银，汪雪薇.2004.发展绿肥生产是生态农业建设的有效措施 [J].安徽农学通报，10 (2)：68.

冯春霞.2006.合理调制饲料降低畜禽粪便中氮、磷、铜排出量 [J].饲料技术，3：14-15.

甘吉元.2008.武威市温室斑潜蝇无害化防治技术 [J].植物医生，21 (2)：39.

辜玉红，钟正泽，童晓莉.2004.高锌促生长机理及其对环境污染研究

［J］.中国饲料，（6）：19－24.

郭朝晖，肖细元，陈同斌，等.2008.湘江中下游农田土壤和蔬菜的重金属污染［J］.地理学报，63（1）：3－11.

郭文忠，刘声锋，李丁仁，等.2004.设施蔬菜土壤次生盐渍化发生机理的研究现状与展望［J］.土壤，36（1）：25－29.

韩杰，杨群辉.2010.家禽饲料中重金属和微生物污染的危害及防治［J］.养禽与禽病防治，1：32－34.

胡晓珊，唐树梅，曹卫东等.2015.温室夏闲季种植翻压绿肥对土壤可溶性有机碳氮及无机氮的影响［J］.中国土壤与肥料（3）：21－28.

黄标，胡文友，虞云龙，等.2015.我国设施蔬菜产地土壤环境质量问题及管理对策［J］.中国科学院院刊，30（Z1）：257－265.

黄磊，郭金花，李彦明.2011.不同饲养阶段猪粪中微量元素含量水平调查研究［J］.北京农业（6）：39－42.

黄治平，徐斌，涂德浴，等.2008.规模化猪场废水灌溉农田土壤 Pb，Cd 和 As 空间变异及影响因子分析［J］.农业工程学报，24（2）：77－83.

贾利元.2006.商丘市设施蔬菜的现状与发展趋势［J］.商丘职业技术学院学报，5（5）：104－106.

姜萍，金盛杨，郝秀珍，等.2010.重金属在猪饲料－粪便－土壤－蔬菜中的分布特征研究［J］.农业环境科学学报，29（5）：942－947.

姜勇，张玉革，梁文举.2005.温室蔬菜栽培对土壤交换性盐基离子组成的影响［J］.19（6）：78－81.

李德成，李忠佩，周祥，等.2003.不同使用年限蔬菜大棚土壤重金属含量变化［J］.农村生态环境，19（3）：38－41.

李焕江.2008.不同铜源对畜禽作用及对环境的影响［J］.吉林畜牧兽医，29（7）：11－13.

李惠英，陈素英，王豁.1994.铜、锌对土壤：植物系统的生态效应及临界含量［J］.农村生态环境，10（2）：22－24.

李见云，侯彦林，化全县，等.2005.大棚设施土壤养分和重金属状况研究［J］.土壤，37（6）：626－629.

李莲芳，曾希柏，白玲玉，等.2010.山东寿光不同农业利用方式下土壤铅的累积特征［J］.农业环境科学学报，29（10）：1 960－1 965.

李莲芳，曾希柏，白玲玉.2008.不同农业利用方式下土壤铜和锌的累积

［J］.生态学报，28（9）：4 372 – 4 380.

李恋卿，潘根兴，张平究，等.2002.太湖地区水稻土表层土壤 10 年尺度重金属元素积累速率的估计［J］.环境科学，23（3）：119 – 123.

李萍萍.2002.设施农业的现状与发展趋势［J］.农业装备技术，103（1）：4 – 5.

李茜.2002.世界设施农业发展现状［J］.合作经济与科技，4：36.

李树辉，李莲芳，曾希柏，等.2011.山东寿光不同农业利用方式下土壤铬的累积特征［J］.农业环境科学学报，30（8）：1 539 – 1 545.

李廷强，杨肖娥.2004.土壤中水溶性有机质及其对重金属化学与生物行为的影响［J］.应用生态学报，15（6）：1 083 – 1 087.

李文庆，眭林生.2002.大棚土壤硝酸盐状况分析［J］.土壤学报，39（2）：283 – 287.

林匡飞，项雅玲，刘雪峰，等.1994.钙镁磷肥和硅肥对水稻产量及镉吸收的影响［J］.土壤肥料，16：26 – 29.

林玉锁，李波，张孝飞.2004.我国土壤环境安全面临的突出问题［J］.环境保护，10：39 – 42.

刘德，吴风芝，栾非时.1998.不同连作年限土壤对大棚黄瓜根系活力及光合速率的影响［J］.东北农业大学学报，29（3）：219 – 223.

刘定发，王治平，曹迎春.1999.铬用作饲料添加剂的开发与应用［J］.饲料工业，20（7）：15 – 16.

刘芬.1998.清水塘地区土壤重金属污染现状及土地利用设想［J］.农业环境保护，17（4）：162 – 164.

刘荣乐，李书田，王秀斌，等.2005.我国商品有机肥料和有机废弃物中重金属的含量状况与分析［J］.农业环境科学学报，24（2）：395 – 397.

刘树堂，赵永厚，孙玉林，等.2005.25 年长期定位施肥对非石灰性潮土重金属状况的影响［J］.水土保持学报，19（1）：164 – 167.

刘小诗，李莲芳，曾希柏，等.2014.典型农业土壤重金属的累积特征与源解析［J］.核农学报，28（7）：1 288 – 1 297.

刘铮.1996.中国土壤微量元素［M］.南京：江苏科学技术出版社.

龙安华，刘建军，倪才英，等.2006.贵溪冶炼厂周边农田土壤重金属污染特性及评价［J］.土壤通报，37（6）：1 212 – 1 217.

卢东，宗良纲，肖兴基，等.2005.华东典型地区有机与常规农业土壤重金属含量的比较研究［J］.农业环境科学学报，24（1）：143－147.

鲁如坤，时正元，熊礼明.1992.我国磷矿磷肥中镉的含量及其对生态环境影响的评价［J］.土壤学报，29（2）：150－155.

吕福堂，司东霞.2004.日光温室土壤盐分积累及离子组成变化的研究［J］.土壤，36（2）：208－210.

缪其宏.1991.接触铅的工人尿中铅、镉和锌的浓度［J］.解放军预防医学杂志，4：34.

牟子平，吴文良，雷红梅.2004a.寿光蔬菜产业化历程及其支撑体系研究［J］.科技进步与对策（9）：152－154.

牟子平，吴文良，雷红梅.2004b.寿光农业结构类型与资源可持续利用的技术对策［J］.资源科学，26（6）：152－157.

庞奖励，黄春长，孙根年.2001.西安污灌区土壤重金属含量及对西红柿影响研究［J］，土壤与环境，10（2）：94－97.

彭奎，朱波.2001.试论农业养分的非点源污染与管理［J］.环境保护，（1）：15－17.

食品安全国家标准（食品中污染物限量 GB 2762—2012）［S］.2012.中华人民共和国卫生部.北京：国家标准出版社.

史春余，张夫道，张俊清，等.2003.长期施肥条件下设施蔬菜地土壤养分变化研究［J］.植物营养与肥料学报，9（4）：437－441.

史静，张乃明，包立.2013.我国设施农业土壤质量退化特征与调控研究进展［J］.中国生态农业学报，21（7）：787－794.

四平市土肥站.1989.四平土壤［M］.1－12（内部资料）.

苏振旺，刘保丰.1996.邢台污灌区土壤中重金属污染评价［J］.环境监测管理与技术，8（4）：25－27.

孙治强，赵卫星，张文波.2005.不同氮肥施用模式对日光温室生菜品质及土壤环境影响［J］.农业工程学报，21（增刊）：159－161.

佟建明.2007.饲料添加剂手册［M］.第2版.北京：中国农业大学出版社.

王国庆，何明，封克.2004.温室土壤盐分在浸水淹灌作用下的垂直再分布［J］，扬州大学学报，25（3）：51－54.

王果，谷勋刚，高树芳，等.1999.三种有机肥水溶性分解产物对铜、镉吸附的影响［J］.土壤学报，36（2）：179－188.

王新，吴燕玉.1995.改性措施对复合污染土壤重金属行为影响的研究

[J].应用生态学报, 6 (4): 440-444.

吴启堂, 陈卢, 王广寿, 等.1999.水稻不同品种对 Cd 吸收累积的差异和机理研究 [J].生态学报, 19 (1): 104-107.

吴堃虹, 戴塔根, 方建武, 等.2007.长沙、株洲、湘潭三市土壤中重金属元素的来源 [J].地质通报, 26 (11): 1 453-1 458.

夏立忠, 李忠佩, 杨林章.2005.大棚栽培番茄不同施肥条件下土壤养分和盐分组成与含量的变化 [J].土壤, 37 (6): 620-625.

项稚玲, 林匡飞, 胡球兰, 等.1994.苎麻吸镉特性及镉污染农田的改良 [J].中国麻作, 16 (2): 39-42.

肖细元, 陈同斌, 廖晓勇, 等.2008.中国主要含砷矿产资源的区域分布与砷污染问题 [J].地理研究, 27 (1): 201-212.

肖振林, 李延.2003.几种改良剂对蔬菜镉吸收的影响 [J].闽西职业大学学报, 2003, 4: 64-66.

谢梅冬, 唐建, 杜坚, 等.2010.广西猪饲粮部分微量元素添加情况调查研究 [J].广西畜牧兽医, 26 (5): 268-230.

徐晶莹.2011.恢复发展我国绿肥生产的几点思考 [J].中国农技推广, 27 (10): 39-41.

徐勇贤, 王洪杰, 黄标, 等.2009.长三角工业型城乡交错区蔬菜生产系统重金属平衡及健康风险 [J].土壤, 41 (4): 548-555.

徐勇贤, 黄标, 史学正, 等.2008.典型农业型城乡交错区小型蔬菜生产系统重金属平衡的研究 [J].土壤, 40 (2): 249-256.

许梓荣, 王敏奇.2001.高剂量锌促进猪生长的机理探讨 [J].畜牧兽医学报, 32 (1): 11-17.

闫立梅, 王丽华.不同龄温室土壤微形态结构与特征 [J].2004.山东农业科学, 3: 60-61.

杨惠芬, 李明元, 沈文.1997.食品卫生理化检验标准手册 [J].北京: 中国标准出版社, 114-115.

杨科璧.2007.中国农田土壤重金属污染与其植物修复研究 [J].世界农业 (8): 58-61.

杨永生.2007.饲料中锌的吸收利用机制及高锌应用的利弊分析 [J].湖南饲料 (4): 24-26.

姚丽贤, 李国良, 党志.2006.集约化养殖禽畜粪中主要化学物质调查 [J].应用生态学报, 17 (10): 1 989-1 992.

于炎湖.2002.重视饲料安全性闻题推动饲料工业健康发展［J］.中国饲料（13）：2-9.

余萍.2010.畜禽饲料中镉的污染危害及控制［J］.贵州畜牧兽医，34（1）：34-35.

袁慧，赵文魁，文利新，等.1997.湖南省部分地区饲料中镉含量的调查研究［J］.湖南畜牧兽医（2）：27-28.

苑亚茹.2008.我国有机废物的时空分布及农用现状［D］.北京：中国农业大学.

曾希柏，李莲芳，梅旭荣.2007.中国蔬菜土壤重金属含量及来源分析［J］.中国农业科学，40（11）：2 507-2 517.

张树清，张夫道，划秀梅，等.2006.高温堆肥对畜禽粪中抗生素降解和重金属钝化的作用［J］.中国农业科学，2006，39（2）：337-343.

张亚丽，沈其荣，姜洋.2001.有机肥料对镉污染土壤的改良效应［J］.土壤学报，38（2）：212-218.

张永志，郑纪慈，徐明飞，等.2009.重金属低积累蔬菜品种筛选的探讨［J］.浙江农业科学，5：872-874.

张勇.2001.沈阳郊区土壤及农产品重金属污染的现状评价［J］.土壤通报，32（4）：182-186.

章永松，林成永，罗安程，等.1998.有机肥（物）对土壤中磷的活化作用及机理研究［J］.植物营养与肥料学报，1998，4（2）：145-150.

郑袁明，罗金发，陈同斌，等.2005.北京市不同土地利用类型的土壤镉含量特征［J］.地理研究，24（4）：542-548.

中国环境监测总站.1990.中国土壤元素背景值［M］.北京：中国环境科学出版社.87-381.

中华人民工共和国民政部，中华人民共和国建设部.1993.中国县情大全（东北卷）［M］.北京：中国社会出版社.223-227.

钟宁，姜洁凌.2005.环境和饲料中的镉对畜禽的毒性研究进展［J］.饲料工业，26（7）：18-22.

周聪，刘洪升，冯信平，等，2003，海南垃圾肥的重金属含量及对无公害果蔬的影响［J］.热带作物学报，24（2）：86-90.

周建斌，翟丙年，陈竹君，等.2004.设施栽培菜地土壤养分的空间累积及其潜在的环境效应［J］.农业环境科学学报，23（2）：332-335.

周青，黄晓华，屠昆岗，等.1998. La 对 Cd 伤害大豆幼苗的生态生理作用 [J].中国环境科学，18（5）：442 – 445.

周绪霞，李卫芬.2004，饲料中重金属镉的危害与控制 [J].农产品市场周刊，6：28 – 29.

周艺敏，张金盛，任顺荣，等.1990.天津市园田土壤和几种蔬菜中重金属含量状况的调查研究 [J].农业环境保护，9（6）：30 – 34.

周正敏，程志，陈建伟.1997.健康人群尿镉水平的研究 [J].职业卫生与病伤，4：252.

邹曜宇.2010.高铜饲料的危害及防止措施 [J].现代农业科技（3）：343 – 344.

Adriano D C, Wenzel W W, Vangronsveld J, et al. 2004. Role of assisted remediation in environmental cleanup [J]. Geoderma, 122：121 – 142.

Alam M G M, Snow E T, Tanaka A. 2003. Arsenic and heavy metal contamination of vegetables grown in Samta Village, Bangladesh [J]. The Science of the Total Environment, 308：83 – 96.

Alexander P D, Alloway B J, Dourado A M. 2006. Genotypic variations in the accumulation of Cd, Cu, Pb and Zn exhibited by six commonly grown vegetables [J]. Environmental Pollution, 144：736 – 745.

Alva A K. 1992. Micronutrient status of Florida sandy soils under citrus production [J]. Communications In Soil Science and Plant Analysis, 23：2 493 – 2 510.

Arthur E, Crews H, Morgan C. 2000. Optimizing plant genetic strategies for minimizing environmental contamination in the food chain [J]. International Journal of Phtoremediation, 2（1）：1 – 21.

Baille A, Lòpez J C, Bonachela S, et al. 2006. Night energy balance in a heated low – cost plastic greenhouse [J]. Agricultural and Forest Meteorology, 137：107 – 118.

Bartzanas T, Tchamitchian M, Kittas C. 2005. Influence of the Heating Method on Greenhouse Microclimate and Energy Consumption [J]. Biosystems Engineering, 91（4）：487 – 499.

BertiW R, Jacobs L W. 1996. Chemistry and phytotoxicity of soil trace elements from repeated sewage sludge applications [J]. Journal of Environmental Quality, 25：1 025 – 1 032.

Bolan N, Adriano D, Mani S, *et al.* 2003. Adsorption, complexation, and phytoavailability of copper as influenced by organic manure [J]. Environmental Toxicology and Chemistry, 22 (2): 450 – 456.

Boulard T, Papadakis G, Kittas C, *et al.* 1997. Air flow and associated sensible heat exchanges in a naturally ventilated greenhouse [J]. Agricultural and Forest Meteorology, 88: 111 – 119.

Camobreco V J, Richard B K, Steenhuis T S, *et al.* 1996. Movement of heavy metals through undisturbed and homogenized soil columns [J]. Soil Science, 161: 740 – 750.

Chen S B, Zhu Y G, Ma Y B. 2006. The effect of grain size of rock phosphate amendment on metal immobilization in contaminated soils [J]. Journal of Hazardous Materials, 134 (1 – 3): 74 – 79.

Chen Y, Huang B, Hu W Y, *et al.* 2013. Heavy metals accumulation in greenhouse vegetable production systems and its ecological effects. Acta Pedologica Sinica. 5 (4): 693 – 702.

Chojnacha K, Chojnacki A, Gorecka H, *et al.* 2005. Bioavailability of heavy metals from polluted soils to plants [J]. Science of the Total Environment, 337 (1 – 3): 175 – 182.

Christ M J, David M B. 1996. Temperature and moisture effects on the production of dissolved organic carbon in spodosol [J]. Soil Biology and Biochemistry, 28: 1 191 – 1 199.

Culbard E B. Thornton I, Watt J, *et al.* 1988. Metal contamination in British suburban dusts and soils [J]. Journal of Environmental Quality, 17: 226 – 234.

Darwish T, Atallah T, Moujabber E M *et al.* 2005. Salinity evolution and crop response to secondary soil salinity in two agro – climatic zones in Lebanon [J]. Agricultural Water Management 78: 152 – 164.

David R O, Kari A G, Michael J L. 2005. Lead and zinc bioavailability to Eisenia fetida after phosphorus amendment to repository soils [J]. Environmental Pollution, 136 (2): 315 – 321.

Drechsel P, Kunze D. 2003. Waste composting for urban and peir – urban agriculture: closing the rurual – urban nutrient cycle in sub – saharan Africa [J]. Soil Science, 168 (2): 147 – 148.

Florijn P J, Beusichem M L. 1993. Uptake and distribution of cadmiunl in maize inbred llines [J]. Plant Cell Environment, 10: 25 – 32.

George K A, Singh B. 2006, Heavy metals contamination in vegetables grown in urban and metal smelter contaminated sites in Australia [J]. Water, Air and Soil Pollution, 169: 101 – 123.

Gerritse R G. 1996. Column and catchment – scale transport of cadmium: Effect of dissolved organic matter [J]. Journal of Contaminant Hydrology, 22: 145 – 163.

Grelle C, Fabre M C, Leprêtre A, et al. 2000. Myriapod and isopod communities in soils contaminated by heavy metals in northern France [J]. European Journal of Soil Science, 51: 425 – 433.

Guggenberger G, Glaser B, Zech W. 1994. Heavy metal binding by hydrophobic and hydrophilic dissolved organic carbon fractions in a spodosol A and B horizon [J]. Water, Air, and Soil Pollution, 72: 111 – 127.

Hahn Joseph D, David H Baker. 1993. Growth and plasma zinc reponses of yong pigs fed pharmacologic level of zinc [J]. Journal of Animal Science, 3 020 – 3 024.

Hanafi A, Papasolomontos A. 1999. Integrated production and protection under protected cultivation in the Mediterranean region [J]. Biotechnology Advances, 17: 183 – 203.

Hao X Z, hou D M, Huang D Q, et al. 2009. Heavy metal transfer from soil to vegetable in southern Jiangsu Province, China [J]. Pedosphere, 19 (3): 305 – 311.

Haynes R J. 2005. Labile organic matter fractions as central components of the quality of agricultural soils, an overview [J]. Advances in Agronomy, 85: 221 – 268.

He Z L L, Yang X E, Stoffella Peter J. 2005. Trace elements in agroecosystems and impacts on the environment [J]. Journal of Trace Elements in Medicine and Biology, 19: 125 – 140.

Hemisaar H S, Makkonen K, Olsson M, et al. 1999. Fine—root growth, mortality and heavy metal concentrations in limed and fertilized Pinus silvestris (L.) stands in the icinity of a Cu—Ni smelter in SW Finland [J]. Plant and Soil, 29: 193 – 200.

Hopke P K. 1992. Factor and Correlation Analysis of Multivariate Environmental Data in C. N. Hewitt（ed.），Methods of Environmental Data Analysis［M］. Elsevier Applied Science，London，U. K.. 139 – 180.

Huang B，Hu W Y，Yu Y L，*et al*. 2015. Problems of Soil Environmental Quality and Their Management Strategies in Greenhouse Vegetable Production of China［J］. Bulletin of Chinese Academy of Sciences，30（Z1）：194 – 202.

Huang B，Wang M，Yan L X，*et al*. Accumulation，transfer，and environmental risk of soil mercury in a rapidly industrializing region of the Yangtze River Delta，China［J］. Journal of Soils Sediments，2011，11（4）：607 – 618.

HuangH J，Sun W X. 2006. Environmental assessment of small – scale vegetable fanning systems in peri – urban areas of the Yangtze River Delta Region，China［J］. Agriculture，Ecosystems and Environment，112：391 – 402.

Jeng A S，Singh B R. 1995. Cadmium status of soils and plants from long – term fertility experiments in southern Norway［J］. Plant and Soil，175：67 – 74.

Jinadasa K，Milham P J，Hawkins C A，*et al*. 1997，Survey of cadmium levels in vegetables and soils of Greater Sydney，Australia［J］. Journal of Environmental Quality，26：924 – 933.

Ju X T，Kou C L，Zhang F S. 2006. Nitrogen balance and groundwater nitrate contamination：Comparison among three intensive cropping systems on the North China Plain［J］. Environmental Pollution，143（1）：117 – 125.

Ju XT，Kou CL，Zhang FS. 2006. Nitrogen balance and groundwater nitrate contamination：Comparison among three intensive cropping systems on the North China Plain［J］. Environmenal Pollutution，143（1）：117 – 125.

Kabata – Pendias A，Pendias H. 1992. Trace elements in soils and plants 2nd ed［M］. London，CRC Press. 413.

Kachenko A G，Singh B. 2006. Heavy Metals Contamination in Vegetables Grown in Urban and Metal Smelter Contaminated Sites in Australia［J］. Water，Air，and Soil Pollution，169：101 – 123.

Kalbitz K, Wennrich R. 1998. Mobilization of heavy metals and arsenic in polluted wetland soils and its dependence on dissolved organic matter [J]. The Science of the Total Environment, 209: 27 – 39.

Kelly J, Thornton I, Simpson P R. 1996. Urban Geochemistry: A study of the influence of anthropogenic activity on the heavy metal content of soils in traditionally industrial and non – indust rial areas of Britain [J]. Applied Geochemistry, 11: 363 – 370.

Khairiah T, Zalifah M K, Yin Y H, *et al.* 2004. The uptake of heavy metals by fruit type vegetables grown in selected agricultural areas [J]. Pakistan Journal of Biological Sciences, 7 (8): 1 438 – 1 442.

Krishan C, Joergensen G R. 2002. Decomposition of 14C labelled glucose in a Pb – contaminated soil remediated with synthetic zeolite and other amendments [J]. Soil of Biological and Biochemistry, 34 (5): 643 – 649.

Lafleur B, Hooper – Bùi L M, Mumma E P, *et al.* 2005. Soil fertility and plant growth in soils from pine forests and plantations: Effect of invasive red imported fire ants Solenopsis invicta (Buren) [J]. Pedobiologia, 49: 415 – 423.

Li L F, Li G X, Liao X Y. 2004. Assessment on the pollution of nitrogen and phosphrus of Beijing surface water based on GIS system and multivariate statistical approaches [J]. Journal of Environmental Sciences, 16 (66): 981 – 986.

Li YX, Li W, Wu J, *et al.* 2007. Contribution of additives Cu to its accumulation in pig feces: study in Beijing and Fuxin of China [J]. Journal of Environmental Sciences (China), 18 (5): 610 – 615.

Liu C W, Lin K H, Kuo Y M. 2003. Application of factor analysis in the assessment of ground water quanlity in a blackfoot disease area in Taiwan [J]. The science of the Total Environment, 313: 77 – 89.

Liu Y, Hua J, Jiang Y, Li Q, *et al.* 2006. Nematode communities in greenhouse soil of different ages from Shenyang Suburb [J]. Helminthologia, 43 (1): 51 – 55.

MacLeod A, Head J, Gaunt A. 2004, An assessment of the potential economic impact of Thrips palmi on horticulture in England and the significance of a successful eradication campaign [J]. Crop Protection, 3:

601 –610.

Mapanda F, Mangwayana E N, Nyamangara J, *et al.* 2005. The effect of long – term irrigation using wastewater on heavy metal contents of soils under vegetables in Harare, Zimbabwe [J]. Agriculture, Ecosystems and Environment, 107: 151 – 165.

Merckx R, Brans K, Smolders E. 2001. Decomposition of dissolved organic carbon after soil drying and rewetting as an indicator of metal toxicity in soils [J]. Soil Biology and Biochemistry, 33 (2): 235 –240.

Merry R H, Tiller K G, Alston A M. 1983. Accumulation of copper, lead and arsenic in some Australian orchard soils [J]. Australia Journal of Soil Research, 21: 549 –561.

Micó C, Recatalá L, Peris M, *et al.* 2006. Assessing heavy metal sources in agricultural soils of an European Mediterranean area by multivariate analysis [J]. Chemosphere, 65: 863 –872.

Mohanna C, Nys B, Carre Y. 1999. Incidence of dietary viscosity on growth performance and zinc and manganese bioavailability in broilers [J]. Animal Feed ScienceTechnology, 77 (77): 255 –266.

Moreno D A, Víllora G, Hernandez J, *et al.* 2002. Accumulation of Zn, Cd, Cu, and Pb in Chinese cabbage as influenced by climatic conditions under protected cultivation [J]. Journal of Agricultural and Food Chemistry, 50: 1 964 – 1 969.

Mortvedt J J, Beaton J D. 1995. Heavy metal and radionuclice contaminants in phosphate fertilizers. In: Tiessen H, editor. Phosphorus in the global environment: transfer, cycles and management [J]. New York: Wiley, 93 – 106.

Muchuweti M, Birkett J W, Chinyanga E, *et al.* 2006. Heavy metal content of vegetables irrigated with mixtures of wastewater and sewage sludge in Zimbabwe: Implications for human health [J]. Agriculture, Ecosystems and Environment, 112: 41 –48.

Mulchi C L, Adarmu C A, Bell P F, *et al.* 1991. Residual heavy metal concentrations in sludge amended coastal plain soils [J]. Common Soil Science and Plant Analysis, 22 (9/10): 919 –941.

Nabulo G, Oryem O H, Diamond M. 2006, Assessment of lead, cadmium, and zinc contamination of roadside soils, surface films, and vegetables in Kampala City, Uganda [J]. Environmental Research, 101: 42 –52.

Naqvi S M, Rizvi S A. 2000. Accumulation of Chromium and Copper in Three Different soils and. bioaccumulation in an aquatic plant, Alternanthera philoxeroides [J]. Bulletin of Environmental Contamination and Toxicology, 65: 55 –61.

Nenesi N, Loffredo E. 1997. Trace element inputs to soils by anthropogenic activities and implications for human health: A review. In: Iskandar IK, Hardy SE, Chang AC, Pierzynski GM (eds) [M]. Fourth International Conference on the Biogeochemistry of Trace Elements. Clark Kerr Campus, Berkeley, California, USA. 215 –216.

Nriagu J, Pacyna J. 1988. Quantitative assessment of worldwide contamination of air, water and soils by trace metals [J]. Nature, 333: 134 –139.

Oliver D P, Hannam R, Tiller K G, et al. 1994. The effect of zinc fertilization on cadmium concentration in wheat grain [J]. Journal of Environment, 23: 705 –711.

Pardossi A, Tognoni F, Incrocci L. 2004. Mediterranean greenhouse technology [J]. Chronica horticulturae, 44 (2): 28 –34.

Park J H, Lamb D, Paneerselvam P, et al. 2011. Role of organic amendments on enhanced bioremediation of heavy metal (loid) contaminated soils [J]. Journal of Hazardous Materials, 185 (2 –3): 549 –574.

Polat A A, Durgac C, Caliskan O. 2005. Effect of protected cultivation on the precocity, yield and fruit quality in loquat [J]. Scientia Horticulturae, 104: 189 –198.

Qualls R G, Hainens B L. 1991. Geochemistry of dissolved organic nutrients in water percolating through forest ecosystems [J]. Soil Science Society of America Journal, 55: 1 112 –1 123.

Richards B K, Steenhuis T S, Deverly J H, et al. 1998. Metal mobility at an old, heavily loaded sludge application site [J]. Environmental Pollution, 99: 365 –377.

Riffaldi R, Saviozzi A, Levi –Minzi, et al. Organically And Conventionally Managed Soils: Characterization Of Composition [J]. Archives Of Agronomy And Soil Science, 2003, 49: 349 – 355.

Shi J, Zhang N M, Bao L. 2013. Research progress on soil degradation and regulation of facility agriculture in China [J]. Chinese Journal of Eco – Agriculture, 21 (7): 787 – 794.

Skordas K, Kelepertsis A. 2005. Soil contamination by toxic metals in the cultivated region of Agia, Thessaly, Greece. Identification of sources of contamination [J]. Environmental Geology, 48: 615 – 624.

Srivastava P C, Gupta U C. 1996. Trace Elements in Crop Production [M]. Lebanon: Science Publishers Inc, USA.

Steinnes E, Allen R O, . Petersen H M, et al. 1997. Evidence of large scale heavy – metal contamination of natural surface soils in Norway from long – range atmospheric transport [J]. The Science of the Total Environment, 205: 255 – 266.

Taylor R W, Griffin G F. 1981. The distribution of topically applied heavy metals in the soil [J]. Plant and Soil, 62: 147 – 152.

Thornton I. 1981. Geochemical aspects of the distribution and forms of heavy metals in soils. In: Lepp NW, editor. Effect of heavy metal pollution on plants: metals in the environment, vol. II. London and New Jersey: Applied Sci Publ: 1 – 34.

Tiller K G, OLIVER D P, Mclanghin M J, et al. 1997. Managing cadmium contamination of agricultural land, remediation of soils contaminated with metals [M]. Proceedings of a conference on the biogeochemistry of trace elements. Taipei, Taiwan, 225 – 255.

Tyler G, Balsberg Pahlsson A M, Bengtsson G, et al. 1989. Heavy metal ecology of terrestrial plants, microorganisms and invertebrates: A review [J]. Water, Air and Soil Pollution, 47: 189 – 225.

Verdonck O, Szmidt R A K. 1998. Compost Specification [J]. Acta Horticulturae, 469: 169 – 177.

Wei Y, Liu Y. 2005. Effects of sewage sludge compost application on crops and cropland in a 3 – year field study [J]. Chemosphere, 50: 1 257 – 1 263.

Wong J W C, Mak N K. 1997. Heavy metal pollution in children playgrounds in Hong Kong and its health implications [J]. Environmental Technology,

18: 109 – 115.

World Resources. 1992/93. Oxford University Press, New York.

Zhang G P, Fukami M, Sekimoto H, *et al*. 2000. Genotypic diferences in effects of cadmium on growth and nutrient compositionsinwheat [J]. Journal of Plant Nutriention, 3 (9): 1 337 – 1 350.

Zhang Y L, Wang Y S. 2006. Soil enzyme activities with greenhouse subsurface irrigation [J]. Pedosphere, 16: 512 – 518.

Zhao Z Q, Zhu Y G, Li H Y, *et al*. 2003. Effects of forms and rates of potassium fertilizers on cadmium uptake by two cultivars of spring wheat (*Triticum aestiv um* L.) [J]. Environmental International, 29: 973 – 978.

 ZupančičN. 1999. Lead Contamination In The Roadside Soils of Slove [J]. Environmental Geochemistry and Health, 21: 37 – 50.

Álvarez – Ayuso, García – Sánchez. 2003. Palygorskite as a feasible amendment to stabilize heavy metal polluted soils [J]. Environmental Pollution, 125: 337 – 344.

后　记

本书是笔者多年来从事设施农业生产系统科研一线工作的积累，文中关于设施菜地土壤作物系统及农业投入品的有关数据均来自于对山东寿光、河南商丘、吉林四平、甘肃武威等地进行现场采访、问卷调查、田间采样和室内分析的第一手资料，在此项科研任务执行过程中得到了上述区域有关部门和研究工作者的大力支持。

感谢兄弟单位山东农业科学院刘兆辉研究员、吉林省农业科学院朱平研究员、商丘市农林科学院胡新研究员、甘肃省农业科学院车宗贤研究员在与当地有关部门接洽和样品采集过程中给予的友情支持和帮助，感谢中国农业科学院梅旭荣局长、曾希柏研究员在研究工作中提供有力指导和帮助，感谢白玲玉老师在样品采集和数据分析等方面的协助，感谢李树辉博士在此文撰写等方面提供的宝贵支持。

当然为此文付出心血和努力的专家及朋友们还有很多，请恕笔者不能逐一罗列，在此深表歉意，谨以此文献给一直以来为此默默支持和无私奉献的朋友们，也感谢始终坚守在科研一线为改善我国农业产地环境辛勤工作的科研工作者们。